Lógica para computação

Dados Internacionais de Catalogação na Publicação (CIP)

```
S5861      Silva, Flávio Soares Corrêa da.
              Lógica para computação / Flávio Soares
           Corrêa da Silva, Marcelo Finger, Ana
           Cristina Vieira de Melo. - 2. ed. - São
           Paulo, SP : Cengage Learning, 2017.
           256 p. : il. ; 23 cm.

           Inclui bibliografia.
           ISBN 978-85-221-2718-4

                 1. Lógica (Computação). 2. Linguagem de
           programação Computadores). I. Finger, Marcelo.
           II. Melo, Ana Cristina Vieira de. III. Título.

                                             CDU 004.42
                                             CDD 511.3
```

Índice para catálogo sistemático:

1. Lógica (Computação)   004.42
(Bibliotecária responsável: Sabrina Leal Araujo - CRB 10/1507)

Lógica para computação

2ª edição

FLÁVIO SOARES CORRÊA DA SILVA
MARCELO FINGER
ANA CRISTINA VIEIRA DE MELO

Departamento de Ciência da Computação
Universidade de São Paulo (USP)

Austrália • Brasil • México • Cingapura • Reino Unido • Estados Unidos

Lógica para computação
2ª edição brasileira
Flávio Soares Corrêa da Silva, Marcelo Finger e Ana Cristina Vieira de Melo

Gerente editorial: Noelma Brocanelli
Editora de desenvolvimento: Viviane Akemi Uemura
Supervisora de produção gráfica: Fabiana Alencar Albuquerque
Editora de aquisições: Guacira Simonelli
Especialista em direitos autorais: Jenis Oh
Revisão: Bel Ribeiro e Daniela Paula Bertolino Pita
Diagramação: Triall Composição Editorial
Capa: BuonoDisegno
Imagem da capa e das aberturas de capítulo: Hunthomas/Shutterstock

© 2018 Cengage Learning Edições Ltda.

Todos os direitos reservados. Nenhuma parte deste livro poderá ser reproduzida, sejam quais forem os meios empregados, sem a permissão, por escrito, das editoras. Aos infratores aplicam-se as sanções previstas nos artigos 102, 104, 106 e 107 da Lei nº 9.610, de 19 de fevereiro de 1998.

Esta editora empenhou-se em contatar os responsáveis pelos direitos autorais de todas as imagens e de outros materiais utilizados neste livro. Se porventura for constatada a omissão involuntária na identificação de algum deles, dispomo-nos a efetuar, futuramente, os possíveis acertos.

A editora não se responsabiliza pelo funcionamento dos links contidos neste livro que possam estar suspensos.

Para informações sobre nossos produtos, entre em contato pelo telefone **0800 11 19 39**
Para permissão de uso de material desta obra, envie seu pedido para direitosautorais@cengage.com

© 2018 Cengage Learning. Todos os direitos reservados.

ISBN 13: 978-85-221-2718-4
ISBN 10: 85-221-2718-2

Cengage Learning
Condomínio E-Business Park
Rua Werner Siemens, 111 – Prédio 11 – Torre A – conjunto 12
Lapa de Baixo – CEP 05069-900 – São Paulo –SP
Tel.: (11) 3665-9900 – Fax: (11) 3665-9901
SAC: 0800 11 19 39

Para suas soluções de curso e aprendizado, visite **www.cengage.com.br**.

Impresso no Brasil
Printed in Brazil
1ª impressão – 2017

Para Renata e Maria Clara. FCS
Para Diana, Michel e Thomas, Salezy e Rosa. MF
Para Roger. ACVM

Agradecimentos

Os autores agradecem coletivamente aos estudantes do curso de Bacharelado em Ciência da Computação da Universidade de São Paulo (USP), que inspiraram esse livro e ajudaram sobremaneira no refinamento e correções do texto desde sua primeira edição.[1] Agradecemos também à Editora Cengage pelo apoio editorial e por aceitarem publicar este trabalho.

Flávio agradece à sua esposa Renata e à sua filha Maria Clara pelo incentivo e apoio permanentes em todas as circunstâncias da vida.

Marcelo agradece à sua esposa Diana e aos filhos Michel e Thomas pelo total apoio e pela força recebida nas pequenas e nas grandes dificuldades. Agradece também à sua irmã Carla, que ficou tomando conta dos meninos quando ainda eram nenês, possibilitando a concentração necessária para trabalhar no livro. E aos pais, Salezy e Rosa, que o permitiram chegar até aqui.

Ana Cristina agradece ao seu marido Roger pelo apoio durante a preparação deste livro.

---

[1] Vale ressaltar que todas as imperfeições ainda presentes no texto são de total e única responsabilidade dos autores.

Sobre os autores

Flávio Soares Corrêa da Silva é professor-associado de Ciência da Computação do Instituto de Matemática e Estatística da Universidade de São Paulo (USP). Tem atuado como pesquisador na área de Ciência da Computação, com ênfase em Inteligência Artificial, Sistemas Interativos Inteligentes, Entretenimento Digital, Dados Abertos e Ciência dos Dados.

Marcelo Finger é professor titular de Ciência da Computação do Instituto de Matemática e Estatística da Universidade de São Paulo (USP). Tem atuado como pesquisador na área de Ciência da Computação, com ênfase em Inteligência Artificial, Dedução Automática, Raciocínio Lógico-probabilístico e atuando principalmente nos seguintes temas: Lógica, Inteligência Artificial, Bancos de Dados, Humanidades Digitais e Linguística Computacional.

Ana Cristina Vieira de Melo é professora-associada de Ciência da Computação do Instituto de Matemática e Estatística da Universidade de São Paulo (USP). Tem atuado como pesquisadora na área de Ciência da Computação, com ênfase em Métodos Formais e Engenharia de Software, principalmente no desenvolvimento de técnicas e ferramentas para: verificação formal e testes de programas; testes de sistemas baseados em modelos; verificação formal de agentes móveis e sistemas ciber-físicos; e previsão e monitoramento de débito técnico em sistemas de software.

Prefácio da segunda edição

1* Die Welt ist alles, was der Fall ist.[1]
Ludwig Wittgenstein – Tractatus Logico-Philosophicus

Conforme comentamos na primeira edição deste livro, esta obra surgiu da necessidade de contarmos com um livro-texto de qualidade e em português para a disciplina de Métodos Formais em Programação, que faz parte do curso de Bacharelado em Ciência da Computação da Universidade de São Paulo (USP), sob os cuidados do Departamento de Ciências da Computação daquela universidade. A mesma disciplina é oferecida, embora com nomes distintos – Lógica para Computação, Lógica Matemática, Introdução à Lógica etc. – na quase totalidade dos cursos no Brasil de Bacharelado em Ciência da Computação, Engenharia da Computação, Sistemas de Informação e cursos de formação tecnológica em áreas correlatas.

Esta obra tem por objetivo apresentar, de forma introdutória, os fundamentos e métodos da lógica matemática para estudiosos de computação, permitindo aos leitores apreciar a elegância deste ramo do conhecimento, sua importância para as diversas facetas e ramificações da Ciência da Computação, bem como as dificuldades que resultam da aplicação de métodos lógicos rigorosos para a resolução de problemas.

---

[1] "O mundo é tudo que é o caso."

Nosso objetivo foi construir um livro-texto original em português que, sem perder o caráter de texto introdutório, apresentasse o rigor matemático e a profundidade que consideramos adequados para o nosso público-alvo.

O livro tem três autores e está dividido em três partes. Os três autores são corresponsáveis por todos os capítulos. Entretanto, cada parte teve um "autor principal" que se responsabilizou por sua edição final e detalhada.

A Parte I, *Lógica Proposicional*, foi preparada por Marcelo Finger. Ela contém três capítulos. No primeiro são apresentados os fundamentos da lógica proposicional. No segundo, diferentes sistemas dedutivos para essa lógica. No terceiro, aspectos computacionais relativos às deduções na lógica proposicional.

A Parte II, *Lógica de Predicados*, foi preparada por Flávio Soares Corrêa da Silva. Ela contém dois capítulos. No primeiro é apresentado um caso particular interessante da lógica de predicados de primeira ordem, em que cada predicado tem apenas um argumento. Esse caso particular é importante para modelar diversos problemas de ciência da computação, especialmente problemas relacionados à engenharia de linguagens de programação. No segundo é apresentada a lógica de predicados de primeira ordem "completa", ou seja, na forma como ela é mais usualmente conhecida.

A Parte III, *Verificação de Programas*, foi preparada por Ana Cristina Vieira de Melo. Ela também contém dois capítulos. No primeiro são apresentados aspectos lógicos e formais de verificação de programas. No segundo, aspectos lógicos da verificação de programas propriamente dita.

■ Novidades na segunda edição

Nesta presente edição acrescentamos novos exercícios e também a solução de exercícios selecionados que já constavam da edição anterior. Acrescentamos sugestões de ferramentas, disponíveis gratuitamente na internet, desenvolvidas por diversos grupos de pesquisas em muitos países, que servem de apoio ao ensino dos conceitos aqui apresentados.

Sumário

Parte 1
LÓGICA PROPOSICIONAL

Capítulo 1
LÓGICA PROPOSICIONAL: LINGUAGEM E SEMÂNTICA 3

1.1 Introdução 3
1.2 A linguagem proposicional 4
    1.2.1 Fórmulas da lógica proposicional 4
    1.2.2 Subfórmulas 6
    1.2.3 Tamanho de fórmulas 7
    1.2.4 Expressando ideias com o uso de fórmulas 7
1.3 Semântica 9
1.4 Satisfatibilidade, validade e Tabelas da Verdade 12
1.5 Consequência lógica 19
1.6 Desafios da lógica proposicional 25
1.7 Notas bibliográficas 26

Capítulo 2
SISTEMAS DEDUTIVOS 29

2.1 O que é um sistema dedutivo? 29

2.2 Axiomatização 30
    2.2.1 Substituições 31
    2.2.2 Axiomatização, dedução e teoremas.. 32
    2.2.3 Exemplos 34
    2.2.4 O Teorema da Dedução... 35
2.3 Dedução Natural 37
    2.3.1 Princípios da Dedução Natural 38
    2.3.2 Regras de Dedução Natural para todos os conectivos 39
    2.3.3 Definição formal de Dedução Natural 42
2.4 O método de Tableaux Analíticos 45
    2.4.1 Fórmulas marcadas... 46
    2.4.2 Regras de expansão α e β 46
    2.4.3 Exemplos 48
2.5 Correção e completude.. 53
    2.5.1 Conjuntos descendentemente saturados..................................... 54
    2.5.2 Correção do método de Tableaux Analíticos 57
    2.5.3 A completude do método de Tableaux Analíticos 58
    2.5.4 Decidibilidade.. 58
2.6 Notas bibliográficas... 60

Capítulo 3
ASPECTOS COMPUTACIONAIS..**63**

3.1 Introdução... 63
3.2 Implementação de um provador de teoremas pelo método
    de Tableaux Analíticos 64
    3.2.1 Estratégias computacionais.. 64
    3.2.2 Estruturas de dados.. 68
    3.2.3 Famílias de fórmulas notáveis 72
3.3 Formas normais 76
    3.3.1 Forma Normal Conjuntiva ou Forma Clausal 76
    3.3.2 Forma Normal Disjuntiva 85
3.4 Resolução... 88
3.5 O problema SAT 92
    3.5.1 O método DPLL 93
    3.5.2 Aprendizado de novas cláusulas.. 97

3.5.3 O Método Chaff... 100
 3.5.4 O método incompleto GSAT 106
 3.5.5 O fenômeno de mudança de fase 108
3.6 Notas bibliográficas... 109

Parte 2
LÓGICA DE PREDICADOS

Capítulo 4
LÓGICA DE PREDICADOS MONÁDICOS 113
4.1 Introdução 113
4.2 A linguagem de predicados monádicos 115
4.3 Semântica 118
4.4 Dedução Natural 123
4.5 Axiomatização 128
4.6 Correção e completude 133
4.7 Decidibilidade e complexidade 137
4.8 Notas bibliográficas 140

Capítulo 5
LÓGICA DE PREDICADOS POLIÁDICOS 143
5.1 Introdução 143
5.2 A linguagem de predicados poliádicos 144
5.3 Semântica 145
5.4 Dedução Natural 149
5.5 Axiomatização 149
5.6 Tableaux Analíticos 149
5.7 Decidibilidade e complexidade 152
5.8 Notas bibliográficas 154
5.9 Material *on-line* 154

Parte 3
VERIFICAÇÃO DE PROGRAMAS

Capítulo 6
ESPECIFICAÇÃO DE PROGRAMAS 159
6.1 Introdução 159
6.2 Especificação de programas 161
    6.2.1 Programas como transformadores de estados 162
    6.2.2 Especificação de propriedades sobre programas 164
6.3 Lógica clássica como linguagem de especificação 169
    6.3.1 Tipos de dados e predicados predefinidos 171
    6.3.2 Invariantes, precondições e pós-condições 173
    6.3.3 Variáveis de especificação 177
6.4 Especificação do problema exemplo 178
6.5 Notas bibliográficas 180

Capítulo 7
VERIFICAÇÃO DE PROGRAMAS 183
7.1 Introdução 183
    7.1.1 Como verificar programas? 187
7.2 Uma linguagem de programação 191
7.3 Prova de programas 196
7.4 Correção parcial de programas 200
    7.4.1 Regras 201
    7.4.2 Sistema de provas 204
    7.4.3 Correção e completude do sistema de provas 220
7.5 Correção total de programas 224
7.6 Notas bibliográficas 233

CONCLUSÃO 235

REFERÊNCIAS BIBLIOGRÁFICAS 237

Parte 1

Lógica proposicional

Capítulo 1

Lógica proposicional: linguagem e semântica

■ 1.1 Introdução

A linguagem natural, com a qual nos expressamos diariamente, é muito suscetível a ambiguidades e imprecisões. Existem frases não gramaticais que possuem sentido (por exemplo, anúncios de classificados no jornal) e frases perfeitamente gramaticais sem sentido ou com sentido múltiplo. Isso faz que a linguagem não seja apropriada para o estudo das relações lógicas entre suas sentenças.

Portanto, no estudo da lógica matemática e computacional nos utilizamos de uma *linguagem formal*. Linguagens formais são objetos matemáticos cujas regras de formação são precisamente definidas e às quais podemos atribuir um único sentido, sem ambiguidade.

Linguagens formais podem ter diversos níveis de expressividade. Em geral, quanto maior a expressividade, também é maior a complexidade de se manipular essas linguagens. Iremos iniciar nosso estudo da lógica a partir de uma *linguagem proposicional*, que tem uma expressividade limitada, mas já nos permite expressar uma série de relações lógicas interessantes.

Neste contexto, uma *proposição* é um enunciado ao qual podemos atribuir um *valor verdade* (verdadeiro ou falso). É preciso lembrar que nem toda sentença pode possuir um valor verdade. Por exemplo, não podemos atribuir valor verdade às sentenças que se referem ao seu próprio valor verdade com a sentença "esta sentença é falsa". Este tipo de sentença é chamado de *autorreferente* e deve ser excluído da linguagem em questão, pois, se a sentença é verdadeira, então ela é falsa; por outro lado, se ela for falsa, então é verdadeira. A linguagem proposicional exclui sentenças autorreferentes.

Neste contexto, a *Lógica Proposicional Clássica* nos permite tratar de enunciados aos quais podemos atribuir valor verdade (as *proposições*) e as operações que permitem compor proposições complexas a partir de proposições mais simples, tais como a *conjunção* ("E"), a *disjunção* ("OU"), a *implicação* ("SE ... ENTÃO ...") e a *negação* ("NÃO").

A linguagem proposicional *não* nos permite expressar relações sobre elementos de um conjunto, tais como as noções de "todos", "algum" ou "nenhum". Tais relações são chamadas de *quantificadoras*, e as encontraremos no estudo da *Lógica de Primeira Ordem*, que será tratada na Parte 2.

A seguir, vamos realizar um estudo detalhado da Lógica Proposicional Clássica (LPC).

■ 1.2 A linguagem proposicional

Ao apresentarmos uma linguagem formal, precisamos inicialmente fornecer os componentes básicos da linguagem, chamado de *alfabeto*, para em seguida fornecer as *regras de formação* da linguagem, também chamada de *gramática*.

No caso da lógica proposicional, o alfabeto é composto pelos seguintes elementos:

- Um conjunto infinito e contável de *símbolos proposicionais*, também chamados de *átomos*, ou de *variáveis proposicionais*: $\mathcal{P} = \{p_0, p_1, \ldots\}$.
- O *conectivo unário* $\neg$ (negação, lê-se: NÃO).
- Os *conectivos binários* $\wedge$ (conjunção, lê-se: E), $\vee$ (disjunção, lê-se: OU), e $\rightarrow$ (implicação, lê-se: SE ... ENTÃO ...).
- Os elementos de pontuação, que contêm apenas os parênteses: '(' e ')'.

1.2.1 Fórmulas da lógica proposicional

Os elementos da linguagem $\mathcal{L}_{LP}$ da lógica proposicional são chamados de *fórmulas* (ou fórmulas bem-formadas). O conjunto das fórmulas da lógica proposicional será definido *por indução*. Uma definição por indução pode possuir vários *casos*. O *caso básico* da indução é aquele no qual alguns elementos já conhecidos são adicionados ao conjunto que estamos definindo. Os demais casos, chamados de *casos indutivos*, tratam de, a partir de elementos já inseridos no conjunto, adicionar novos elementos ao conjunto.

Desta maneira, o conjunto $\mathcal{L}_{LP}$ das fórmulas proposicionais é definido indutivamente como sendo *o menor conjunto* satisfazendo às seguintes regras de formação:
1. **Caso básico:** Todos os símbolos proposicionais estão em $\mathcal{L}_{LP}$; ou seja, $\mathcal{P} \subseteq \mathcal{L}_{LP}$. Os símbolos proposicionais são chamados de *fórmulas atômicas*, ou átomos.
2. **Caso indutivo 1:** Se $A \in \mathcal{L}_{LP}$, então $\neg A \in \mathcal{L}_{LP}$.
3. **Caso indutivo 2:** Se $A, B \in \mathcal{L}_{LP}$, então $(A \wedge B) \in \mathcal{L}_{LP}$, $(A \vee B) \in \mathcal{L}_{LP}$, $(A \rightarrow B) \in \mathcal{L}_{LP}$.

Se p, q e r são símbolos proposicionais, pelo item 1, ou seja, o cáso básico, eles são também fórmulas da linguagem proposicional. Então, $\neg p$ e $\neg \neg p$ também são fórmulas, bem como $(p \wedge q)$, $(p \vee (p \vee \neg q))$, $((r \wedge \neg p) \rightarrow \neg q)$ etc. Em geral, usamos as letras minúsculas p, q, r e s para representar os símbolos atômicos, e as letras maiúsculas A, B, C e D para representar fórmulas. Desta forma, se tomarmos a fórmula $((r \wedge \neg p) \rightarrow \neg q)$, podemos dizer que ela é da forma $(A \rightarrow B)$, onde $A = (r \wedge \neg p)$ e $B = \neg q$; já a fórmula A é da forma $(A_1 \wedge A_2)$, onde $A_1 = r$ e $A_2 = \neg p$; similarmente, B é da forma $\neg B_1$, onde $B_1 = q$.

A definição de $\mathcal{L}_{LP}$ ainda exige que $\mathcal{L}_{LP}$ seja o menor conjunto satisfazendo às regras de formação. Esta condição é chamada de *cláusula maximal*. Isto é necessário para garantir que nada de indesejado se torne também uma fórmula. Por exemplo, esta restrição exclui que os números naturais sejam considerados fórmulas da lógica proposicional.

De acordo com a definição de fórmula, o uso de parênteses é obrigatório ao utilizar os conectivos binários. Na prática, no entanto, usamos abreviações que permitem omitir os parênteses em diversas situações:

- Os parênteses mais externos de uma fórmula podem ser omitidos. Desta forma, podemos escrever $p \wedge q$ em vez de $(p \wedge q)$, $(r \wedge \neg p) \rightarrow \neg q$ em vez de $((r \wedge \neg p) \rightarrow \neg q)$.
- O uso repetido dos conectivos $\wedge$ e $\vee$ dispensa o uso de parênteses. Por exemplo, podemos escrever $p \wedge q \wedge \neg r \wedge \neg s$ em vez de $((p \wedge q) \wedge \neg r) \wedge \neg s$; note que os parênteses se aninham à esquerda.
- O uso repetido do conectivo $\rightarrow$ também dispensa o uso de parênteses, só que os parênteses se aninham à direita. Desta forma, podemos escrever $p \rightarrow q \rightarrow r$ para representar $p \rightarrow (q \rightarrow r)$.

- Além disso, em fórmulas onde há uma combinação de conectivos existe uma precedência entre eles, dada pela ordem: $\neg, \wedge, \vee, \rightarrow$. Desta forma:
  - $\neg p \wedge q$ representa $(\neg p \wedge q)$ [e não $\neg(p \wedge q)$];
  - $p \vee q \wedge r$ representa $p \vee (q \wedge r)$;
  - $p \vee \neg q \rightarrow r$ representa $(p \vee \neg q) \rightarrow r$

Em geral, deve-se preferir clareza à economia de parênteses, e, na dúvida, é bom deixar alguns parênteses para explicitar o sentido de uma fórmula.

1.2.2 Subfórmulas

Definimos a seguir a noção do conjunto de *subfórmulas* de uma fórmula A, Subf(A), que será definida por *indução sobre estrutura das fórmulas* (também chamada de *indução estrutural*). Na indução estrutural, o caso básico analisa as fórmulas de estrutura mais simples, ou seja, o caso básico trata das fórmulas atômicas. Os casos indutivos tratam das fórmulas de estrutura composta, ou seja, de fórmulas que contêm conectivos unários e binários. Assim, o conjunto Subf(A) de subfórmulas de uma fórmula A é definido da seguinte maneira:

1. **Caso básico:** $A = p$. Subf$(p) = \{p\}$, para toda fórmula atômica $p \in \mathcal{P}$
2. **Caso** $A = \neg B$. Subf$(\neg B) = \{\neg B\} \cup$ Subf$(\neg B)$
3. **Caso** $A = B \wedge C$. Subf$(B \wedge C) = \{B \wedge C\} \cup$ Subf$(B) \cup$ Subf(C)
4. **Caso** $A = B \vee C$. Subf$(B \vee C) = \{B \vee C\} \cup$ Subf$(B) \cup$ Subf(C)
5. **Caso** $A = B \rightarrow C$. Subf$(B \rightarrow C) = \{B \rightarrow C\} \cup$ Subf$(B) \cup$ Subf(C)

Os três últimos casos indutivos poderiam ter sido expressos da seguinte forma compacta: Para $\circ \in \{\wedge, \vee, \rightarrow\}$, se $A = B \circ C$ então Subf$(A) = \{A\} \cup$ Subf$(B) \cup$ Subf(C).

Desta forma, temos que o conjunto de subfórmulas da fórmula $A = (p \vee \neg q) \rightarrow (r \wedge \neg q)$ é o conjunto $\{A, p \vee \neg q, p, \neg q, q, r \wedge \neg q, r\}$. Note que não há necessidade de se contabilizar subfórmulas "repetidas" mais de uma vez.

Pela definição anterior, uma fórmula sempre é subfórmula de si mesma. No entanto, definimos B como sendo uma *subfórmula própria* de A se $B \in$ Subf$(A) - \{A\}$, ou seja, se B é uma subfórmula de A diferente de A. Se $A = (p \vee \neg q) \rightarrow (r \wedge \neg q)$, as subfórmulas próprias de A são $\{p \vee \neg q, p, \neg q, q, r \wedge \neg q, r\}$.

1.2.3 Tamanho de fórmulas

O *tamanho* ou *complexidade* de uma fórmula A, representado por $|A|$, é um número inteiro positivo, também definido por indução estrutural sobre uma fórmula:

1. $|p| = 1$ para toda fórmula atômica $p \in \mathcal{P}$.
2. $|\neg A| = 1 + |A|$
3. $|A \circ B| = 1 + |A| + |B|$, para $\circ \in \{\wedge, \vee, \rightarrow\}$

O primeiro caso é a base da indução, e diz que toda fórmula atômica possui tamanho 1. Os demais casos indutivos definem o tamanho de uma fórmula composta a partir do tamanho de seus componentes. O item 2 trata do tamanho de fórmulas com conectivo unário; e o 3, do tamanho de fórmulas com conectivos binários, tratando dos três conectivos binários de uma só vez. Note que o tamanho $|A|$ de uma fórmula A assim definido corresponde ao número de símbolos que ocorrem na fórmula, excetuando-se os parênteses. Por exemplo, suponha que temos a fórmula $A = (p \vee \neg q) \rightarrow (r \wedge \neg q)$ e vamos calcular sua complexidade:

$$\begin{aligned}
|(p \vee \neg q) \rightarrow (r \wedge \neg q)| &= 1 + |p \vee \neg q| + |r \wedge \neg q| \\
&= 3 + |p| + |\neg q| + |r| + |\neg q| \\
&= 5 + |p| + |q| + |r| + |q| \\
&= 9
\end{aligned}$$

Note que se uma subfórmula ocorre mais de uma vez em A, sua complexidade é contabilizada cada vez que ela ocorre. No exemplo, a subfórmula $\neg q$ foi contabilizada duas vezes.

1.2.4 Expressando ideias com o uso de fórmulas

Já temos uma base para começar a expressar propriedades do mundo real em lógica proposicional. Assim, podemos ter símbolos atômicos com nomes mais representativos das propriedades que queremos expressar. Por exemplo, se queremos falar sobre pessoas e suas atividades ao longo da vida, podemos utilizar os símbolos proposicionais *criança, jovem, adulto, idoso, estudante, trabalhador* e *aposentado*.

Com este vocabulário básico, para expressarmos que uma pessoa é criança, ou jovem, ou adulto, ou idoso, escrevemos a fórmula:

$$\textit{criança} \vee \textit{jovem} \vee \textit{adulto} \vee \textit{idoso}$$

Para expressar que um jovem trabalha ou estuda, escrevemos

$$jovem \rightarrow trabalhador \lor estudante$$

Para expressar a proibição de que não podemos ter uma criança aposentada, uma das formas possíveis é escrever:

$$\neg\,(criança \land aposentado)$$

Veremos mais adiante que esta é apenas uma das formas de expressar esta ideia, que pode ser expressa de diversas formas equivalentes.

EXERCÍCIOS

1.1 Simplificar as seguintes fórmulas, removendo os parênteses desnecessários:

a) $(p \lor q)$
b) $((p \lor q) \lor (r \lor s))$
c) $(p \rightarrow (q \rightarrow (p \land q)))$
d) $\neg(p \lor (q \land r))$
e) $\neg(p \land (q \lor r))$
f) $((p \land (p \rightarrow q)) \rightarrow q)$

1.2 Adicionar parênteses às seguintes fórmulas para que fiquem de acordo com as regras de formação de fórmulas:

a) $\neg p \rightarrow q$
b) $p \land \neg q \land r \land \neg s$
c) $p \rightarrow q \rightarrow r \rightarrow p \land q \land r$
d) $p \land \neg q \lor r \land s$
e) $p \land \neg(p \rightarrow \neg q) \lor \neg q$

1.3 Dê o conjunto de subfórmulas das fórmulas a seguir. Note que os parênteses implícitos são fundamentais para decidir quais são as subfórmulas:

a) $\neg p \to p$
b) $p \wedge \neg r \wedge r \wedge \neg s$
c) $q \to p \to r \to p \wedge q \wedge r$
d) $p \wedge \neg q \vee r \wedge s$
e) $p \wedge \neg(p \to \neg q) \vee \neg q$

1.4 Calcule a complexidade de cada fórmula do exercício anterior. Note que a posição exata dos parênteses *não influencia* a complexidade da fórmula!

1.5 Definir por indução sobre a estrutura das fórmulas a função *átomos*(A), que retorna o conjunto de todos os átomos que ocorrem na fórmula A. Por exemplo, *átomos*($p \wedge \neg(p \to \neg q) \vee \neg q$) = $\{p,q\}$.

1.6 Com base nos símbolos proposicionais da Seção 1.2.4, expressar os seguintes fatos com fórmulas da lógica proposicional.
   a) Uma criança não é um jovem.
   b) Uma criança não é jovem nem adulto nem idoso.
   c) Se um adulto é trabalhador, então ele não está aposentado.
   d) Para ser aposentado, a pessoa deve ser um adulto ou um idoso.
   e) Para ser estudante, a pessoa deve ser um idoso aposentado, ou um adulto trabalhador, ou um jovem, ou uma criança.

■ 1.3 Semântica

O estudo da semântica da lógica proposicional clássica consiste em atribuir *valores verdade* às fórmulas da linguagem. Na lógica clássica, há apenas dois valores verdade: *verdadeiro* e *falso*. Representaremos o *verdadeiro* por 1 e o *falso* por 0.

Inicialmente, atribuímos valores verdade para os símbolos proposicionais por meio de uma função de *valoração*. Uma valoração proposicional V é uma função $V : \mathcal{P} \to \{0,1\}$ que mapeia cada símbolo proposicional em $\mathcal{P}$ num valor verdade. Esta valoração apenas diz quais átomos são verdadeiros e quais são falsos.

Em seguida, estendemos a valoração para todas as formas da linguagem da lógica proposicional, de forma a obtermos uma valoração $V : \mathcal{L}_{LP} \to \{0,1\}$.

Essa extensão da valoração é feita por indução sobre a estrutura das fórmulas da seguinte maneira:

$V(\neg A) = 1$	se, e somente se,	$V(A) = 0$
$V(A \land B) = 1$	sse	$V(A) = 1$ e $V(B) = 1$
$V(A \lor B) = 1$	sse	$V(A) = 1$ ou $V(B) = 1$
$V(A \to B) = 1$	sse	$V(A) = 0$ ou $V(B) = 1$

A definição anterior pode ser detalhada da seguinte maneira. Para atribuirmos um valor verdade a uma fórmula, precisamos primeiro atribuir um valor verdade para suas subfórmulas, para depois compor o valor verdade da fórmula de acordo com as regras dadas. Note que o fato de a definição usar "se, e somente se," (abreviado "sse") tem o efeito de, quando a condição à direita for falsa, o valor verdade será invertido. Desta forma, se $V(A) = 1$, então $V(\neg A) = 0$. Note também que na definição de $V(A \lor B)$, o valor verdade será 1 se $V(A) = 1$, ou se $V(B) = 1$, ou se ambos forem 1 (por isso o conectivo $\lor$ é chamado de *OU-Inclusivo*). Similarmente, $V(A \to B)$ terá valor verdade 1 se $V(A) = 0$ ou $V(B) = 1$ ou ambos. E $V(A \land B) = 0$ se $V(A) = 0$ ou $V(B) = 0$ ou ambos.

Podemos visualizar o valor verdade dos conectivos lógicos de forma mais clara por meio de *matrizes de conectivos*, conforme a Figura 1.1. Para ler estas matrizes procedemos como segue. Por exemplo, na matriz relativa a $A \land B$, vemos que se A é 0 e B é 0 também, então $A \land B$ também é 0.

$A \land B$	$B = 0$	$B = 1$
$A = 0$	0	0
$A = 1$	0	1

$A \lor B$	$B = 0$	$B = 1$
$A = 0$	0	1
$A = 1$	1	1

$A \to B$	$B = 0$	$B = 1$
$A = 0$	1	1
$A = 1$	0	1

$\neg A$	
$A = 0$	1
$A = 1$	0

FIGURA 1.1 Matrizes de conectivos lógicos

Nas matrizes da Figura 1.1 podemos ver que a única forma de obter o valor verdade 1 para $A \land B$ é quando ambos A e B são valorados em 1. Já na matriz de $A \vee B$, vemos que a única forma de obtermos 0 é quando A e B são valorados em 0. Similarmente, na matriz de $A \rightarrow B$, vemos que a única forma de obtermos 0 é quando A é valorado em 1 e B em 0.

Vamos ver agora um exemplo de valoração de uma fórmula complexa. Suponha que temos uma valoração V_1 tal que $V_1(p) = 1, V_1(q) = 0$ e $V_1(r) = 1$ e queiramos computar $V_1(A)$, onde $A = (p \vee \neg q) \rightarrow (r \wedge \neg q)$. Procedemos inicialmente computando os valores verdade das subfórmula mais internas, até chegarmos ao valor verdade de A:

$$
\begin{aligned}
V_1(\neg q) &= 1 \\
V_1(p \vee \neg q) &= 1 \\
V_1(r \wedge \neg q) &= 1 \\
V_1((p \vee \neg q) \rightarrow (r \wedge \neg q)) &= 1
\end{aligned}
$$

Por outro lado, considere agora uma valoração V_2 tal que $V_2(p) = 1, V_2(q) = 1$ e $V_2(r) = 1$, e vamos calcular $V_2(A)$, para A como anteriormente. Então:

$$
\begin{aligned}
V_1(\neg q) &= 0 \\
V_1(p \vee \neg q) &= 1 \\
V_1(r \wedge \neg q) &= 0 \\
V_1((p \vee \neg q) \rightarrow (r \wedge \neg q)) &= 0
\end{aligned}
$$

Ou seja, o valor verdade de uma fórmula pode variar, em geral, de acordo com a valoração de seus átomos. Pela definição dada, uma valoração atribui um valor verdade a cada um dos infinitos símbolos proposicionais. No entanto, ao valorarmos uma única fórmula, só temos necessidade de valorar o seu conjunto de átomos, que é sempre finito. Desta forma, se uma fórmula A possui um número N de subfórmulas atômicas, e como cada valoração pode atribuir 0 ou 1 a cada um destes átomos, temos que pode haver 2^N distintas valorações diferentes para a fórmula A.

Veremos na Seção 1.4 que existem fórmulas cujo valor verdade não varia com as diferentes valorações.

> **EXERCÍCIOS**
>
> 1.7 Considere duas valorações V_1 e V_2 tais que V_1 valora todos os átomos em 1, e V_2, átomos em 0. Computar como V_1 e V_2 valoram as fórmulas a seguir.
>
> a) $\neg p \to q$
> b) $p \wedge \neg q \wedge r \wedge \neg s$
> c) $p \to q \to r \to (p \wedge q \wedge r)$
> d) $(p \wedge \neg q) \vee (r \wedge s)$
> e) $p \wedge \neg(p \to \neg q) \vee \neg q$
> f) $p \vee \neg p$
> g) $p \wedge \neg p$
> h) $((p \to q) \to p) \to p$
>
> 1.8 Dar uma valoração para os átomos das fórmulas (b) e (c) no exercício anterior de forma que a valoração da fórmula seja 1.

■ 1.4 Satisfatibilidade, validade e Tabelas da Verdade

Considere a fórmula $p \vee \neg p$. Como esta fórmula possui apenas um átomo, podemos gerar apenas duas distintas valorações para ela, $V_1(p)=0$ e $V_2(p)=1$. No primeiro caso, temos $V_1(\neg p)=1$ e $V(p \vee \neg p)=1$. No segundo, $V_1(\neg p)=0$ e $V(p \vee \neg p)=1$. Ou seja, em ambos os casos, independentemente da valoração dos átomos, a valoração da fórmula é sempre 1.

Por outro lado, considere a fórmula $p \wedge \neg p$. De maneira similar, temos apenas duas valorações distintas para esta fórmula, e ambas valoram $p \wedge \neg p$ em 0.

Por fim, temos fórmulas que podem ora ser valoradas em 0, em cujo caso a valoração *falsifica* a fórmula, ora ser valoradas em 1, em cujo caso a valoração *satisfaz* a fórmula. Por exemplo, a fórmula $p \to q$ é uma delas.

Estes fatos motivam a classificação das fórmulas de acordo com o seu comportamento diante de todas as valorações possíveis de seus átomos.

- Uma fórmula A é dita *satisfazível* se existe uma valoração V de seus átomos tal que $V(A) = 1$.
- Uma fórmula A é dita *insatisfazível* se toda valoração V de seus átomos é tal que $V(A) = 0$.
- Uma fórmula A é dita *válida* ou uma *tautologia* se toda valoração V de seus átomos é tal que $V(A) = 1$.
- Uma fórmula é dita *falsificável* se existe uma valoração V de seus átomos tal que $V(A) = 0$.

Há infinitas fórmulas em cada uma destas categorias. Existem também diversas relações entre as classificações apresentadas, decorrentes diretamente das definições, notadamente:

- Toda fórmula válida é também satisfazível.
- Toda fórmula insatisfazível é falsificável.
- Uma fórmula não pode ser satisfazível e insatisfazível.
- Uma fórmula não pode ser válida e falsificável.
- Se A é válida, então $\neg A$ é insatisfazível; analogamente, se A é insatisfazível, então $\neg A$ é válida.
- Se A é satisfazível, $\neg A$ é falsificável, e vice-versa.
- Existem fórmulas que são tanto satisfazíveis como falsificáveis (por exemplo, as fórmulas $p, \neg p, p \wedge q, p \vee q$ e $p \rightarrow q$).

No caso de fórmulas grandes, a classificação de uma fórmula nas categorias apresentadas não é absolutamente trivial. Um dos grandes desafios da computação é encontrar métodos eficientes para decidir se uma fórmula é satisfazível/insatisfazível, ou se é válida/falsificável.

Um dos primeiros métodos propostos na literatura para a verificação da satisfatibilidade e validade de fórmulas é o método da *Tabela da Verdade*.

A Tabela da Verdade é um método exaustivo de geração de valorações para uma dada fórmula A, que é construída da seguinte maneira:

- A tabela possui uma coluna para cada subfórmula de A, inclusive para A. Em geral, os átomos de A ficam situados nas colunas mais à esquerda, e A é a fórmula mais à direita.
- Para cada valoração possível para os átomos de A, inserir uma linha com os valores da valoração dos átomos.

- Em seguida, a valoração dos átomos é propagada para as subfórmulas, obedecendo-se a definição de valoração. Desta forma, começa-se valorando as fórmulas menores até as maiores.
- Ao final deste processo, todas as possíveis valorações de A são criadas, e pode-se classificar A da seguinte maneira:
    - A é satisfazível se alguma linha da coluna A contiver 1.
    - A é válida se todas as linhas da coluna A contiverem 1.
    - A é falsificável se alguma linha da coluna A contiver 0.
    - A é insatisfazível se todas as linhas da coluna A contiverem 0.

Como primeiro exemplo, considere a fórmula $A_1 = (p \vee q) \wedge (\neg p \vee \neg q)$. Vamos construir uma Tabela da Verdade para A_1. Para isso, inicialmente montamos uma lista de subfórmulas e as valorações para os átomos:

p	q	$\neg p$	$\neg q$	$p \vee q$	$\neg p \vee \neg q$	$(p \vee q) \wedge (\neg p \vee \neg q)$
0	0					
0	1					
1	0					
1	1					

Note que as fórmulas estão ordenadas, da esquerda para a direita, em ordem de tamanho, e a fórmula A_1 é a última da direita. Em seguida, preenchemos as colunas de cada subfórmula, de acordo com a definição de valoração, indo da esquerda para a direita até completar toda a tabela. Obtemos a seguinte Tabela da Verdade para A_1:

p	q	$\neg p$	$\neg q$	$p \vee q$	$\neg p \vee \neg q$	$(p \vee q) \wedge (\neg p \vee \neg q)$
0	0	1	1	0	1	0
0	1	1	0	1	1	1
1	0	0	1	1	1	1
1	1	0	0	1	0	0

Podemos inferir desta Tabela da Verdade que A_1 é satisfazível devido ao 1 nas segunda e terceira linhas, e falsificável devido ao 0 nas primeira e quarta linhas.

Como segundo exemplo, considere a fórmula $A_2 = p \vee \neg p$. A Tabela da Verdade para A_2 fica:

p	$\neg p$	$p \vee \neg p$
0	1	1
1	0	1

Neste caso, vemos que A_2 é uma tautologia (ou uma fórmula válida), pois todas as valorações para A_2 geram 1 em todas as linhas.

Considere agora a Tabela da Verdade para a fórmula $A_3 = p \wedge \neg p$:

p	$\neg p$	$p \wedge \neg p$
0	1	0
1	0	0

em que inferimos que A_3 é uma fórmula inválida, pois todas as linhas da Tabela da Verdade contêm 0.

Do ponto de vista computacional, é importante notar que se uma fórmula contém N átomos, o número de valorações possíveis para estes átomos é de 2^N, e, portanto, o número de linhas da Tabela da Verdade será de 2^N. Isto faz que o método da Tabela da Verdade não seja recomendado para fórmulas com muitos átomos.

Como exemplo final desta seção, gostaríamos de verificar se a fórmula $A_4 = ((p \to q) \wedge (r \to s)) \to ((p \vee r) \to (q \vee s))$ é válida ou não. Para isso, construímos a seguinte Tabela da Verdade para A_4:

p	q	r	s	$\overbrace{p \to q}^{\alpha_1}$	$\overbrace{r \to s}^{\alpha_2}$	$\overbrace{p \vee r}^{\beta_1}$	$\overbrace{q \vee s}^{\beta_2}$	$\overbrace{\alpha_1 \wedge \alpha_2}^{\alpha_3}$	$\overbrace{\beta_1 \to \beta_2}^{\beta_3}$	$\overbrace{\alpha_3 \to \beta_3}^{A_4}$
0	0	0	0	1	1	0	0	1	1	1
0	0	0	1	1	1	0	1	1	1	1
0	0	1	0	1	0	1	0	0	0	1
0	0	1	1	1	1	1	1	1	1	1
0	1	0	0	1	1	0	1	1	1	1
0	1	0	1	1	1	0	1	1	1	1
0	1	1	0	1	0	1	1	0	1	1
0	1	1	1	1	1	1	1	1	1	1
1	0	0	0	0	1	1	0	0	0	1
1	0	0	1	0	1	1	1	0	1	1
1	0	1	0	0	0	1	0	0	0	1
1	0	1	1	0	1	1	1	0	1	1
1	1	0	0	1	1	1	1	1	1	1
1	1	0	1	1	1	1	1	1	1	1
1	1	1	0	1	0	1	1	0	1	1
1	1	1	1	1	1	1	1	1	1	1

Por meio desta Tabela da Verdade podemos ver que A_4 é uma fórmula válida, pois todas as linhas contêm 1 na última coluna.

Nota-se também que, com o aumento de átomos, o método fica no mínimo desajeitado para a verificação manual, e na prática 4 átomos são o limite de realização manual de uma Tabela da Verdade.

A automação da Tabela da Verdade também é possível, mas, por causa do crescimento exponencial, existe um limite não muito alto para o número de átomos a partir do qual mesmo a construção das Tabelas da Verdade por computador acaba levando muito tempo e as torna também inviáveis.

EXERCÍCIOS

1.9 Classificar as fórmulas a seguir de acordo com sua satisfatibilidade, validade, falsificabilidade ou insatisfatibilidade:

a) $(p \to q) \to (q \to p)$

b) $(p \wedge \neg p) \to q$

c) $p \to q \to p \wedge q$
d) $\neg\neg p \to p$
e) $p \to \neg\neg p$
f) $\neg(p \vee q \to p)$
g) $\neg(p \to p \vee q)$
h) $((p \to q) \wedge (r \to q)) \to (p \vee r \to q)$

1.10 Encontre uma valoração que satisfaça as seguintes fórmulas.
a) $p \to \neg p$
b) $q \to p \wedge \neg p$
c) $(p \to q) \to p$
d) $\neg(p \vee q \to q)$
e) $(p \to q) \wedge (\neg p \to \neg q)$
f) $(p \to q) \wedge (q \to p)$

1.11 *Fragmento implicativo* é o conjunto de fórmulas que são construídas apenas usando o conectivo $\to$. Determinadas fórmulas deste fragmento receberam nomes especiais, conforme indicado a seguir. Verifique a validade de cada uma destas fórmulas.

I	$p \to p$
B	$(p \to q) \to (r \to p) \to (r \to q)$
C	$(p \to q \to r) \to (q \to p \to r)$
W	$(p \to p \to q) \to (p \to q)$
S	$(p \to q \to r) \to (p \to q) \to (p \to r)$
K	$p \to q \to p$
Peirce	$((p \to q) \to p) \to p$

1.12 Dada uma fórmula A com N átomos, calcule o número máximo de posições (ou seja, células ocupadas por 0 ou 1) em uma Tabela da Verdade para A em função de $|A|$ e N.

1.13 Seja $B \in \text{Subf}(A)$. A *polaridade* de B em A pode ou ser + (positiva) ou − (negativa), e dizemos que estas duas polaridades são opostas. Definimos a polaridade de B em A por indução estrutural sobre A da seguinte maneira:
- Se $B = A$, então a polaridade de B é +.
- Se $B = \neg C$, então a polaridade de C é oposta à de B.
- Se $B = C \circ D$, $\circ \in \{\wedge, \vee\}$, então as polaridades de B, C e D são as mesmas.
- Se $B = C \rightarrow D$, então C tem polaridade oposta à B e D tem a mesma polaridade que B.

Note que, em uma mesma fórmula A, uma subfórmula B pode ocorrer mais de uma vez, e as polaridades destas ocorrências não são necessariamente as mesmas. Por exemplo, em $(p \rightarrow q) \rightarrow (p \rightarrow q)$ a primeira ocorrência de $p \rightarrow q$ tem polaridade negativa e a segunda positiva.

Com base nesta definição, prove ou refute as seguintes afirmações:

a) Se A é uma fórmula em que todos os átomos têm polaridade positiva, então A é satisfazível.

b) Se A é uma fórmula em que todos os átomos têm polaridade positiva, então A é falsificável.

c) Se A é uma fórmula em que todos os átomos têm polaridade negativa, então A é satisfazível.

d) Se A é uma fórmula em que todos os átomos têm polaridade negativa, então A é falsificável.

Dica: Dê exemplos de fórmulas em que todos os átomos têm polaridade só positiva e polaridade só negativa.

1.5 Consequência lógica

Quando podemos dizer que uma fórmula é *consequência* de outra fórmula ou de um conjunto de fórmulas? Este é um dos temas mais estudados da Lógica, e diferentes respostas podem gerar diferentes lógicas. No caso da Lógica Proposicional Clássica, a resposta é dada em termos de valorações.

Dizemos que uma fórmula B é *consequência lógica* de outra fórmula A, representada por $A \vDash B$, se toda valoração v que satisfaz A também satisfaz B. Note que esta definição permite que B seja satisfeito por valorações que não satisfazem A. Neste caso, também dizemos que A *implica logicamente* B.

Podemos usar as Tabelas da Verdade para verificar a consequência lógica. Por exemplo, considere a afirmação $p \vee q \to r \vDash p \to r$. Para verificar se esta afirmação é verdadeira, construímos simultaneamente as Tabelas da Verdade de $p \vee q \to r$ e $p \to r$:

p	q	r	$p \vee q$	$p \vee q \to r$	$p \to r$
0	0	0	0	1	1
0	0	1	0	1	1
0	1	0	1	0	1
0	1	1	1	1	1
1	0	0	1	0	0
1	0	1	1	1	1
1	1	0	1	0	0
1	1	1	1	1	1

Neste caso, vemos que a fórmula $p \vee q \to r$ implica logicamente $p \to r$, pois toda linha da coluna para $p \vee q \to r$ que contém 1 (linhas 1, 2, 4, 6 e 8) também contém 1 na coluna para $p \to r$. Além disso, a terceira linha contém 1 para $p \to r$ e 0 para $p \vee q \to r$, o que é permitido pela definição.

Vejamos um segundo exemplo, em que vamos tentar determinar se $p \wedge q \to r \vDash p \to r$ ou não. Novamente, construímos uma Tabela da Verdade simultânea para $p \wedge q \to r$ e para $p \to r$:

p	q	r	$p \wedge q$	$p \wedge q \to r$	$p \to r$
0	0	0	0	1	1
0	0	1	0	1	1
0	1	0	0	1	1
0	1	1	0	1	1
1	0	0	0	1	0
1	0	1	0	1	1
1	1	0	1	0	0
1	1	1	1	1	1

Concluímos que $p \wedge q \to r \not\models p \to r$ por causa da quinta linha, que satisfaz $p \wedge q \to r$ mas falsifica $p \to r$.

Além da consequência lógica entre duas fórmulas, podemos estudar quando uma fórmula A é a consequência lógica de um *conjunto* de fórmulas Γ. Um conjunto de fórmulas é chamado *teoria*, e esta definição nos permite dar um significado preciso para as consequências lógicas de uma teoria.

Dizemos que uma fórmula A é a *consequência lógica* de um conjunto de fórmulas Γ, representado por $\Gamma \models A$, se toda valoração v que satisfaz *todas* as fórmulas de Γ também satisfaz A.

Como exemplo da verificação deste tipo de consequência lógica, vamos verificar a validade da regra lógica conhecida por Modus Ponens, ou seja, $p \to q, p \models q$.[1] Para tanto, construímos a Tabela da Verdade:

p	q	$p \to q$
0	0	1
0	1	1
1	0	0
1	1	1

A única linha que satisfaz simultaneamente $p \to q$ e p é a última, e neste caso temos também q satisfeita. Portanto, podemos concluir a validade do Modus Ponens.

---

[1] É usual representar o conjunto de fórmulas antes do símbolo $\models$ apenas como uma lista de fórmulas; além disso, em vez de escrevermos $\Gamma \cup \{A\} \models B$ abreviamos para $\Gamma, A \models B$.

Nesta altura, surge uma pergunta natural: qual a relação entre a consequência lógica ($\models$) e o conectivo booleano da implicação ($\rightarrow$)? A resposta a esta pergunta é dada pelo Teorema da Dedução.

Teorema 1.5.1 [**Teorema da Dedução**] Seja Γ um conjunto de fórmulas e A e B fórmulas. Então

$$\Gamma, A \models B \text{ sse } \Gamma \models A \rightarrow B.$$

Demonstração: Vamos provar as duas partes do sse separadamente.

($\Rightarrow$) Primeiro, assuma que $\Gamma, A \models B$. Então, pela definição de consequência lógica, toda valoração que satisfaz simultaneamente Γ e A também satisfaz B. Para mostrar que $\Gamma \models A \rightarrow B$, considere uma valoração v que satisfaz todas as fórmulas de Γ (notação: $v(\Gamma) = 1$). Vamos verificar que $v(A \rightarrow B) = 1$. Para isso, consideramos dois casos:

- $v(A) = 1$. Neste caso, como temos $\Gamma, A \models B$, temos necessariamente que $v(B) = 1$ e portanto $v(A \rightarrow B) = 1$.
- $v(A) = 0$. Neste caso é imediato que $v(A \rightarrow B) = 1$.

Portanto, concluímos que $\Gamma \models A \rightarrow B$.

($\Leftarrow$) Vamos assumir agora que $\Gamma \models A \rightarrow B$, ou seja, toda valoração que satisfaz Γ também satisfaz $A \rightarrow B$. Para mostrar que $\Gamma, A \models B$, considere uma valoração v tal que $v(\Gamma) = v(A) = 1$. Assuma, por contradição, que $v(B) = 0$. Neste caso, temos que $v(A \rightarrow B) = 0$, o que contradiz $\Gamma \models A \rightarrow B$. Logo, $v(B) = 1$, e provamos que $\Gamma, A \models B$, como desejado. ■

O Teorema da Dedução nos diz que $A \rightarrow B$ é consequência lógica das hipóteses Γ sse, ao adicionarmos A às hipóteses pudemos inferir logicamente B. Desta forma, a noção de implicação lógica e o conectivo implicação estão totalmente relacionados.

Além da consequência lógica, podemos também considerar a *equivalência lógica* entre duas fórmulas. Duas fórmulas A e B são *logicamente equivalentes*, representadas por $A \equiv B$, se as valorações que satisfazem A são exatamente as mesmas que satisfazem B. Em outras palavras, $A \equiv B$ se $A \models B$ e $B \models A$.

Para verificarmos a equivalência lógica de duas fórmulas A e B, construímos uma Tabela da Verdade simultaneamente para A e B e checamos se a coluna para A e para B são idênticas.

Por exemplo, considere a seguinte equivalência lógica: $p \to q \equiv \neg q \to \neg p$. Construímos a Tabela da Verdade simultânea para $p \to q$ e $\neg q \to \neg p$:

p	q	$\neg p$	$\neg q$	$p \to q$	$\neg q \to \neg p$
0	0	1	1	1	1
0	1	1	0	1	1
1	0	0	1	0	0
1	1	0	0	1	1

Como as colunas para $p \to q$ e $\neg q \to \neg p$ são idênticas, podemos concluir que $p \to q \equiv \neg q \to \neg p$. A implicação $\neg q \to \neg p$ é dita *contrapositiva* da implicação $p \to q$.

Existem diversas equivalências notáveis entre fórmulas, dentre as quais destacamos as seguintes.

Definição 1.5.1 [Equivalências Notáveis]
  a) $\neg \neg p \equiv p$ (eliminação da dupla negação)
  b) $p \to q \equiv \neg p \vee q$ (definição de $\to$ em termos de $\vee$ e $\neg$)
  c) $\neg(p \vee q) \equiv \neg p \wedge \neg q$ (Lei de De Morgan 1)
  d) $\neg(p \wedge q) \equiv \neg p \vee \neg q$ (Lei de De Morgan 2)
  e) $p \wedge (q \vee r) \equiv (p \wedge q) \vee (p \wedge r)$ (Distributividade de $\wedge$ sobre $\vee$)
  f) $p \vee (q \wedge r) \equiv (p \vee q) \wedge (p \vee r)$ (Distributividade de $\vee$ sobre $\wedge$)

Ao definirmos a linguagem da lógica proposicional, apresentamos três símbolos binários: $\wedge$, $\vee$ e $\to$. Na realidade, precisamos apenas da negação e de um deles para definir os outros dois. Neste exemplo, vamos ver como definir $\vee$ e $\to$ em função de $\wedge$ e $\neg$.

Definição 1.5.2 [**Definição de** $\vee$ **e** $\to$ **em função de** $\wedge$ **e** $\neg$]
a) $A \vee B \equiv \neg(\neg A \wedge \neg B)$; note a semelhança com as leis de De Morgan.
b) $A \to B \equiv \neg(A \wedge \neg B)$

Também é possível usar como básicos dos pares $\vee$ e $\neg$, ou $\to$ e $\neg$, e definir os outros conectivos binários em função destes. Veja os Exercícios 1.18 e 1.19.

Por fim, podemos definir o conectivo $\leftrightarrow$ da seguinte maneira: $A \leftrightarrow B \equiv (A \to B) \wedge (B \to A)$. A fórmula $A \leftrightarrow B$ possui a seguinte Tabela da Verdade:

p	q	$p \leftrightarrow q$
0	0	1
0	1	0
1	0	0
1	1	1

Ou seja, $p \leftrightarrow q$ é satisfeita sse o valor verdade de p e q é o mesmo. Desta forma, pode-se formular uma condição para a equivalência lógica de forma análoga ao Teorema da Dedução para a consequência lógica.

Teorema 1.5.2 $A \equiv B$ sse $A \leftrightarrow B$ for uma fórmula válida.
A demonstração deste Teorema será feita no Exercício 1.20.

EXERCÍCIOS

1.14 Prove ou refute as seguintes consequências lógicas usando Tabelas da Verdade:
a) $\neg q \to \neg p \vDash p \to q$
b) $\neg p \to \neg q \vDash p \to q$
c) $p \to q \vDash p \to q \vee r$
d) $p \to q \vDash p \to q \wedge r$
e) $\neg(p \wedge q) \vDash \neg p \wedge \neg q$
f) $\neg(p \vee q) \vDash \neg p \vee \neg q$

1.15 Prove ou refute a validade das seguintes regras lógicas usando Tabelas da Verdade:

a) $p \vee q, \neg q \vDash p$ (Modus Tollens)
b) $p \rightarrow q, q \vDash p$ (Abdução)
c) $p \rightarrow q, \neg q \vDash \neg p$

1.16 Mostre a validade das equivalências notáveis da Definição 1.5.1 usando Tabelas da Verdade.

1.17 Mostre a validade das seguintes equivalências usadas na definição de $\vee$ e $\rightarrow$ em função de $\wedge$ e $\neg$ na Definição 1.5.2 usando Tabelas da Verdade.

1.18 Assuma agora que temos como básicos os conectivos $\neg$ e $\vee$. Mostre como os conectivos $\rightarrow$ e $\wedge$ podem ser definidos em termos de $\neg$ e $\vee$ e prove as equivalências lógicas usando Tabelas da Verdade.

1.19 Assuma agora que temos como básicos os conectivos $\neg$ e $\rightarrow$. Mostre como os conectivos $\vee$ e $\wedge$ podem ser definidos em termos de $\neg$ e $\rightarrow$ e prove as equivalências lógicas usando Tabelas da Verdade.

1.20 Prove que:

a) $A \leftrightarrow B \equiv (A \rightarrow B) \wedge (\neg A \rightarrow \neg B)$.
b) $A \equiv B$ sse $A \leftrightarrow B$ é uma fórmula válida (Teorema 1.5.2).

1.21 Prove que, se $A \equiv B$ e $C \equiv D$, então:

a) $\neg A \equiv \neg B$
b) $A \rightarrow C \equiv B \rightarrow D$
c) $A \wedge C \equiv B \wedge D$
d) $A \vee C \equiv B \vee D$

1.22 Uma relação é uma *congruência* se, ao se substituir uma subfórmula A por uma equivalente B em uma fórmula X, geramos uma fórmula Y equivalente a X. Ou seja, se $A \equiv B$ e $Y = X[A := B]$, então $X \equiv Y$.

Por meio das equivalências do exercício anterior, mostre que na lógica proposicional $\equiv$ é uma congruência.

1.23 Prove que: Se $A \vDash B$ e $B \vDash C$, então $A \vDash C$ (transitividade de $\vDash$).
Se $A \equiv B$ e $B \equiv C$, então $A \equiv C$ (transitividade de $\equiv$).

1.24 Considere a seguinte teoria:

criança $\vee$ jovem $\vee$ adulto $\vee$ idoso
trabalhador $\vee$ estudante $\vee$ aposentado
jovem $\rightarrow$ trabalhador $\vee$ estudante
$\neg$ (criança $\wedge$ aposentado)
$\neg$ (criança $\wedge$ trabalhador)

Verifique quais das seguintes fórmulas são consequência lógica desta teoria:

a) *aposentado $\wedge$ $\neg$jovem $\rightarrow$ adulto $\vee$ idoso*
b) *criança $\rightarrow$ $\neg$jovem*
c) *criança $\rightarrow$ estudante*
d) *aposentado $\vee$ jovem*

■ 1.6 Desafios da lógica proposicional

A lógica proposicional clássica, apesar de estar situada no início do vasto estudo da lógica moderna, apresenta um dos maiores desafios à Teoria da Computação. Isto porque o problema SAT (a satisfatibilidade de uma fórmula) foi o primeiro a pertencer a uma classe de problemas chamados NP-completos (**N**ão determinísticos **P**olinomialmente completos). Esses problemas não possuem nenhuma solução eficiente co
nhecida e, no entanto, ninguém até o momento demonstrou que não *podem ter* uma solução eficiente.

Uma classe muito grande de problemas computacionais interessantes e muito frequentes são NP-completos. Pertencem a esta classe de problemas quase todas as áreas da computação, como algoritmos de otimização do uso de recursos, criptografia e segurança de redes de computadores, Inteligência Artificial, especificação de sistemas, aprendizado computacional, visão computacional, dentre muitos outros.

O nome NP-completo vem do seguinte fato. É muito fácil obter-se *não deterministicamente*, ou seja, com um "chute", uma valoração para os átomos de uma fórmula, e é possível verificar eficientemente, ou seja, em tempo *polinomial* em relação à complexidade da fórmula, se esta valoração satisfaz ou não a fórmula. Todos os problemas que podem ser resolvidos com um "chute" não determinístico seguido de uma verificação em tempo polinomial da correção do chute são chamados de problemas *em* NP. Para serem *completos* há ainda um requisito extra.

A classe de problemas NP-completos possui a propriedade que, se um destes problemas possuir uma solução eficiente, todos os problemas da classe terão soluções eficientes. Por outro lado, se ficar demonstrado que um problema desta classe não pode ter solução eficiente, nenhum problema na classe terá solução eficiente. Todos os problemas NP-completos estão em NP, mas nem todos problemas em NP são NP-completos.

O problema de solução eficiente (ou seja, em tempo polinomial) para problemas NP-completos é o mais famoso problema em aberto na Teoria da Computação. É tão famoso que até existe um prêmio envolvendo uma grande soma em dinheiro para quem conseguir resolvê-lo, ou seja, para quem conseguir mostrar se é possível ou impossível haver soluções eficientes para problemas NP-completos.

Existem ainda outros problemas em aberto e igualmente difíceis. Por exemplo, o problema de se determinar se uma fórmula é válida é um problema complementar da determinação da satisfatibilidade. Este problema pertence à classe de problemas coNP-completos. Permanece em aberto até hoje se as classes NP e coNP são iguais ou distintas. Estes e outros problemas de *teoria da complexidade computacional* permanecem desafios em aberto que nasceram na Lógica Proposicional Clássica.

■ 1.7 Notas bibliográficas

Os conectivos da Lógica Proposicional Clássica são chamados de *conectivos booleanos* em homenagem ao matemático inglês George Boole (1815–1864). Boole nunca estudou para a obtenção de um grau acadêmico, mas iniciou sua carreira como um professor auxiliar e, com o tempo, abriu sua própria escola e iniciou sozinho os estudos de matemática. Em 1853 publicou seu trabalho mais famoso, *An investigation into the Laws of Thought, on Which are founded the Mathematical Theories of Logic and Probabilities*, o qual deu origem a um campo da matemática conhecido hoje como Álgebra Booleana (Monk, 1989), que possui aplicações em lógica e construção de computadores, e deu as bases para a construção de circuitos eletrônicos.

Boole se correspondeu intensamente com Augustus De Morgan (1806--1871), em cujas investigações algébricas aparecem pela primeira vez as consagradas leis de De Morgan (De Morgan, 1996).

A Lógica Proposicional Moderna teve seu início com a publicação, em 1910, do livro *Principia Mathematica*, de Russell e Whitehead (Whitehead e Russell, 1910). Este livro lançou as bases matemáticas do estudo da lógica como é feita nos dias de hoje, distinguido-a do estudo da Lógica como vinha sendo feita desde Aristóteles e diversos outros filósofos gregos e através da Idade Média.

O método das Tabelas da Verdade, em sua forma seminal, pode ser encontrado nos trabalhos de fundamentos da matemática de Gottlob Frege e Charles Peirce na década de 1880. Na forma como nós o conhecemos, o método foi formulado por Emil Post (Stillwell, 2004) e Ludwig Wittgenstein. Este último utilizou este método em sua obra *Tractatus Logico-Philosophicus* (Wittgenstein, 1922) no estudo de funções verdade, e, em 2004, devido à grande influência deste trabalho, o uso de Tabelas da Verdade se espalhou.

A Lógica Proposicional voltou a atrair grande interesse com o início da construção de computadores e circuitos eletrônicos de chaveamento na década de 1960. Pouco tempo depois começou a se desenvolver a teoria da complexidade computacional. A classe de problemas NP-completos foi definida e estudada por Cook (Cook, 1971), estudando a complexidade de métodos de provas de teoremas (que serão estudados no próximo capítulo). Uma lista de diversos problemas NP-completos, bem como um estudo detalhado de NP-completude, pode ser encontrado no livro clássico de Garey e Johnson (Garey e Johnson, 1979).

A relação entre problemas NP-completos e coNP-completos foi estudada por Cook e Reckhow (Cook e Reckhow, 1979). Diversas outras classes de complexidade são também descritas no livro de Garey e Johnson, bem como problemas em aberto envolvendo a relação entre estas classes.

Capítulo 2

Sistemas dedutivos

■ 2.1 O que é um sistema dedutivo?

No Capítulo 1 vimos o que são fórmulas da Lógica Proposicional Clássica e como atribuir valores verdade a estas fórmulas. Vimos também a noção de consequência lógica e como determinar se uma fórmula A é consequência lógica de um conjunto de fórmulas Γ.

No entanto, não vimos como é que, a partir de um conjunto de fórmulas Γ, podemos inferir novas fórmulas que sejam a consequência lógica de Γ. Esta é a tarefa de um *sistema dedutivo*.

Um sistema dedutivo nos permite inferir, derivar ou deduzir as consequências lógicas de um conjunto de fórmulas, chamado teoria. Quando um sistema dedutivo infere uma fórmula A a partir de uma teoria Γ, escrevemos $\Gamma \vdash A$. O objeto $\Gamma \vdash A$ é chamado *sequente*, onde Γ é o antecedente (ou hipótese) e A é o consequente (ou conclusão).[1]

Existem vários procedimentos distintos que nos permitem realizar uma inferência, e cada procedimento dá origem a um distinto sistema

---

[1] Na sua formulação mais genérica, sequente é uma relação entre duas sequências de fórmulas, $B_1,\ldots,B_n \vdash A_1,\ldots,A_m$, com a leitura de que a sequência de hipóteses $B_1,\ldots,B_n$ prova pelo menos uma das conclusões $A_1,\ldots,A_m$; ou seja, no antecedente a vírgula é lida como conjunção, enquanto no consequente é lida como disjunção.

dedutivo (também chamado sistema de inferência). Neste capítulo analisaremos três tipos de sistemas dedutivos: Axiomatizações ($\vdash_{Ax}$), sistemas de Dedução Natural ($\vdash_{DN}$) e o método de Tableaux[2] Analíticos ($\vdash_{TA}$).

Obviamente, não queremos que um sistema de dedução produza fórmulas que não sejam consequência lógica da teoria usada como hipótese. Dizemos que um sistema dedutivo $\vdash$ é *correto* se isto nunca ocorre, ou seja, se $\Gamma \vdash A$ somente se $\Gamma \vDash A$.

Por outro lado, queremos que um sistema dedutivo consiga inferir todas as possíveis consequências lógicas de uma teoria. Dizemos que um sistema dedutivo $\vdash$ é *completo* se ele for capaz de realizar todas estas inferências, ou seja, se sempre tivermos $\Gamma \vdash A$ se $\Gamma \vDash A$.

Todos os sistemas dedutivos que apresentaremos a seguir possuem as propriedades de *correção* e *completude*. No entanto, essas propriedades serão demonstradas apenas para tableaux analíticos, a título de ilustração.

■ 2.2 Axiomatização

Axiomatização é o sistema formal de dedução mais antigo que se conhece, tendo sido usado desde a apresentação da Geometria Euclidiana pelos gregos. Só que, naquele caso, tratava-se de axiomatizar uma *teoria*, no caso, a teoria geométrica. Mais modernamente, no final do século XIX, com os trabalhos de Frege, as axiomatizações foram usadas em tentativas de provar um fundamento seguro para a Matemática.

Quando falamos em axiomatização, porém, estamos nos referindo a uma forma de inferência lógica. Portanto, referimo-nos aqui a uma *axiomatização da Lógica Clássica*. Falaremos sobre axiomatização de teorias mais adiante.

A apresentação da axiomatização segue o estilo utilizado por Hilbert; tanto, que as axiomatizações de lógicas[3] são muitas vezes chamadas Sistemas de Hilbert. De acordo com esta forma de apresentação, uma axiomatização possui dois tipos de elementos:

- os *axiomas*, que são fórmulas da lógica aos quais se atribui um status especial de "verdades básicas"; e

---

[2] Pronuncia-se tablôs, no plural; ou tablô, no singular, escrito *tableau*.
[3] É importante deixar bem claro que existem várias lógicas, e não apenas "a" Lógica. Na realidade, existe um número infinito de possíveis lógicas.

- as *regras de inferência*, que permitem inferir novas fórmulas a partir de fórmulas já inferidas.

Antes de apresentarmos uma axiomatização da Lógica Proposicional Clássica,[4] temos de mencionar o conceito de *substituição*.

2.2.1 Substituições

A *substituição* de um átomo p por uma fórmula B em uma fórmula A, o que é representado por $A[p := B]$.[5] Intuitivamente, se temos uma fórmula $A = p \to (p \land q)$ e queremos substituir p por $(r \lor s)$, o resultado da substituição será $A[p := (r \lor s)] = (r \lor s) \to ((r \lor s) \land q)$. A definição formal de substituição se dá por indução estrutural sobre a fórmula A, sobre a qual se processa a substituição da seguinte maneira:

1. $p[p := B] = B$
2. $q[p := B] = q$, para $q \neq p$.
3. $(\neg A)[p := B] = \neg(A[p := B])$.
4. $(A_1 \circ A_2)[p := B] = A_1[p := B] \circ A_2[p := B]$, para $\circ \in \{\land, \lor, \neg\}$.

Note que os itens 1 e 2 tratam do caso básico de substituir em fórmulas proposicionais. Os itens 3 e 4 tratam dos casos indutivos.

Aplicando essa definição ao exemplo que foi visto intuitivamente, temos que:

$$\begin{aligned}(p \to (p \land q))[p := (r \lor s)] &= p[p := (r \lor s)] \to (p \land q)[p := (r \lor s)] \\ &= (r \lor s) \to (p[p := (r \lor s)] \land q[p := (r \lor s)]) \\ &= (r \lor s) \to ((r \lor s) \land q)\end{aligned}$$

---

[4] Note que foi dito uma axiomatização, pois podem existir várias axiomatizações equivalentes.
[5] Existem inúmeras notações alternativas para substituição na literatura que causam certa confusão; por exemplo, para a mesma noção, podem-se encontrar na literatura as seguintes notações: $A(\frac{B}{p})$ $A(\frac{p}{B})$, $A(p \setminus B)$ etc. No nosso caso, escolhemos uma notação que fosse a mais clara possível.

Quando uma fórmula B é resultante da substituição de um ou mais átomos da fórmula A, dizemos que B é uma *instância* da fórmula A.

Com a noção de substituição bem definida, apresentaremos a seguir uma axiomatização da Lógica Proposicional Clássica.

2.2.2 Axiomatização, dedução e teoremas

Antes de definir uma axiomatização para a Lógica Proposicional Clássica, é importante frisarmos que pode existir mais de uma axiomatização possível, todas elas equivalentes. A axiomatização a seguir apresenta grupos de axiomas que definem o comportamento de cada um dos conectivos booleanos.

Definição 2.2.1 A axiomatização para a Lógica Proposicional Clássica contém os seguintes axiomas:[6]

$(\to_1)$ $\quad p \to (q \to p)$
$(\to_2)$ $\quad (p \to (q \to r)) \to ((p \to q) \to (p \to r))$
$(\wedge_1)$ $\quad p \to (q \to (p \wedge q))$
$(\wedge_2)$ $\quad (p \wedge q) \to p$
$(\wedge_3)$ $\quad (p \wedge q) \to q$
$(\vee_1)$ $\quad p \to (p \vee q)$
$(\vee_2)$ $\quad q \to (p \vee q)$
$(\vee_3)$ $\quad (p \to r) \to ((q \to r) \to ((p \vee q) \to r)))$
$(\neg_1)$ $\quad (p \to q) \to ((p \to \neg q) \to \neg p)$
$(\neg_2)$ $\quad \neg\neg p \to p$

e a seguinte regra de inferência:

Modus Ponens: A partir de $A \to B$ e A infere-se B.

Os axiomas podem ser instanciados, ou seja, seus átomos podem ser uniformemente substituídos por qualquer fórmula da lógica. Nesse caso, dizemos que a fórmula resultante é uma *instância* do axioma. Com a noção de axiomatização podemos definir a noção de *dedução*.

---

[6] Chamamos a atenção para o fato de os axiomas $(\to_1)$ e $(\to_2)$ serem, respectivamente, as fórmulas **K** e **S** do Exercício 1.11 da Seção 1.4.

Definição 2.2.2 *Dedução* é uma sequência de fórmulas $A_1,\ldots,A_n$ tal que cada fórmula na sequência ou é uma instância de um axioma ou é obtida de fórmulas anteriores por meio das regras de inferência, ou seja, por Modus Ponens.

Um *teorema* A é uma fórmula tal que existe uma dedução $A_1,\ldots,A_n = A$. Representaremos um teorema por $\vdash_{Ax} A$, ou simplesmente por $\vdash A$, quando o contexto deixar claro qual método de inferência que está sendo usado.

A axiomatização apresentada possui a propriedade da *substituição uniforme*, ou seja, se A é um teorema e B uma instância de A, então B é um teorema também. O motivo para isso é bem simples: se podemos aplicar uma substituição para obter B de A, podemos aplicar a mesma substituição nas fórmulas que ocorrem na dedução de A e, como toda instância de um axioma é uma fórmula dedutível, transformamos a dedução de A numa dedução de B.

Definiremos agora quando uma fórmula A segue de um conjunto de fórmulas Γ, também chamado *teoria* ou *conjunto de hipóteses*, o que é representado por $\Gamma \vdash_{Ax} A$. Neste caso, trata-se de adaptar a noção de dedução para englobar os elementos de Γ.

Definição 2.2.3 Dizemos que a fórmula A é *dedutível* a partir do conjunto de fórmulas Γ se há uma *dedução*, ou seja, uma sequência de fórmulas $A_1,\ldots,A_n = A$ tal que cada fórmula A_i na sequência:

- ou é uma fórmula $A_i \in \Gamma$;
- ou é uma instância de um axioma;
- ou é obtida de fórmulas anteriores por meio de Modus Ponens.

Note que, no caso de o conjunto Γ ser vazio, $\Gamma = \emptyset$, temos que $\emptyset \vdash_{Ax} A$ implica que A é um teorema, o que é representado simplesmente por $\vdash_{Ax} A$. Note também que *não* podemos aplicar a substituição uniforme nos elementos de Γ; a substituição uniforme só pode ser aplicada aos axiomas da lógica.

Também é costume representar o conjunto Γ como uma sequência de fórmulas sem o uso das chaves delimitadoras de conjuntos. Assim, se $\Gamma = \{A_1,\ldots,A_n\}$, em vez de escrevermos $\{A_1,\ldots,A_n\} \vdash A$, escrevemos simplesmente $A_1,\ldots,A_n \vdash A$. Similarmente, em vez de escrevermos $\Gamma \cup \{A\} \vdash B$, escrevemos simplesmente $\Gamma, A \vdash B$, representando a união das hipóteses pela concatenação de listas de hipóteses.

2.2.3 Exemplos

Vamos dar alguns exemplos de dedução de teoremas usando a axiomatização apresentada.

Exemplo 2.2.1 Mostraremos inicialmente a dedução do teorema $\mathbf{I} = A \to A$.

1. $(A \to ((A \to A) \to A))$ $\quad$ de $(\to_2)$, onde $p := A$, $q := A \to A$,
   $\to ((A \to (A \to A)) \to (A \to A))$ $\quad r := A$.
2. $A \to ((A \to A) \to A)$ $\quad$ de $(\to_1)$, onde $p := A, q := A \to A$,
3. $((A \to (A \to A)) \to (A \to A))$ $\quad$ por Modus Ponens 1, 2.
4. $A \to (A \to A)$ $\quad$ de $(\to_1)$, onde $p := A, q := A$.
5. $A \to A$ $\quad$ por Modus Ponens 3, 4.

Note que o exemplo anterior deixa claro que qualquer instanciação de $A \to A$ é dedutível desta maneira, bastando substituir A pela fórmula desejada em todas as suas ocorrências na dedução.

Exemplo 2.2.2 Como um segundo exemplo, vamos mostrar que a dedução de duas fórmulas pode ser "composta", conforme expressa a fórmula $\mathbf{B} = (A \to B) \to ((C \to A) \to (C \to B))$.

1. $((C \to (A \to B)) \to ((C \to A) \to (C \to B))) \to$ $\quad$ de $(\to_1)$, onde
   $((A \to B) \to$ $\quad\quad p := (C \to (A \to B)) \to$
   $((C \to (A \to B)) \to ((C \to A) \to (C \to B))))$ $\quad ((C \to A) \to (C \to B))$,
   $\quad\quad q := A \to B$.
2. $(C \to (A \to B)) \to ((C \to A) \to (C \to B))$ $\quad$ de $(\to_2)$, onde $p := C$,
   $\quad\quad q := A, \ r := B$.
3. $(A \to B) \to$ $\quad$ por Modus Ponens 1, 2.
   $((C \to (A \to B)) \to ((C \to A) \to (C \to B)))$
4. $(((A \to B) \to ((C \to (A \to B)) \to ((C \to A) \to (C \to B)))) \to$ $\quad$ de $(\to_2)$,
   $\quad\quad$ onde $p := A \to B$,
   $(((A \to B) \to (C \to (A \to B))) \to$ $\quad q := C \to (A \to B)$,
   $((A \to B) \to ((C \to A) \to (C \to B))))$ $\quad r := (C \to A) \to (C \to B)$.
5. $((A \to B) \to (C \to (A \to B))) \to$ $\quad$ por Modus Ponens 4, 3.

$(A \to B) \to ((C \to A) \to (C \to B))$

6. $(A \to B) \to (C \to (A \to B))$ de $(\to_1)$, onde $p := A \to B,\ q := C$.

7. $(A \to B) \to ((C \to A) \to (C \to B))$ por Modus Ponens 5, 6.

De posse deste resultado, devido à propriedade da substituição uniforme, podemos sempre concatenar duas implicações, $A \to B$ e $C \to A$ para obter $C \to B$.

Estes dois exemplos também são interessantes para mostrar quão complexa pode ser uma dedução utilizando a simples axiomatização. Computacionalmente falando, esta complexidade torna a axiomatização de pouco uso em termos de implementação, sendo usada basicamente como uma ferramenta teórica.

Vamos agora ver um exemplo de dedução a partir de uma teoria. Antes disso, porém, para facilitar nossa tarefa, vamos apresentar o *Teorema da Dedução*.

2.2.4 O Teorema da Dedução

O Teorema da Dedução relaciona o conectivo da implicação, $\to$, com a dedução lógica representada por $\vdash$.

Teorema 2.2.1 [Teorema da Dedução]

$$\Gamma, A \vdash B \text{ sse } \Gamma \vdash A \to B.$$

A prova deste teorema, em termos de axiomatização, trata de transformar uma dedução de $\Gamma, A \vdash B$ em uma dedução de $\Gamma \vdash A \to B$ e, inversamente, transformar uma dedução $\Gamma \vdash A \to B$ em uma dedução de $\Gamma, A \vdash B$. ∎

Não apresentaremos aqui uma demonstração deste teorema; veja porém o Exercício 2.5. No entanto, vamos utilizá-lo em alguns exemplos de dedução a partir de uma teoria.

Exemplo 2.2.3 Desejamos demonstrar que $p \to q, p \to r \vdash p \to q \wedge r$. Em vez de fazer uma dedução direta, vamos usar o Teorema da Dedução e provar a condição equivalente $p \to q, p \to r, p \vdash q \wedge r$. Desta forma,

1. $p \to q$ hipótese.
2. $p \to r$ hipótese.

3. p hipótese.
4. q Modus Ponens 1, 3.
5. r Modus Ponens 2, 3.
6. $q \to (r \to (q \wedge r))$ instância de $(\wedge_1)$
7. $r \to (q \wedge r)$ Modus Ponens 6, 4.
8. $q \wedge r$ Modus Ponens 7, 5.

O Teorema da Dedução pode facilitar a prova de outros teoremas. Por exemplo, a dedução de $\vdash p \to p$ se torna trivial ao reformulá-la como $p \vdash p$.

Exemplo 2.2.4 Usando o Teorema da Dedução, vamos deduzir novamente a fórmula $\mathbf{B} = (A \to B) \to ((C \to A) \to (C \to B))$, ou seja, vamos deduzir que $A \to B, C \to A, C \vdash B$.

1. $A \to B$ hipótese.
2. $C \to A$ hipótese.
3. C hipótese.
4. A Modus Ponens 2, 3.
5. B Modus Ponens 1, 4.

A simplicidade desta prova em relação à anterior é surpreendente, o que atesta a força do Teorema da Dedução.

EXERCÍCIOS

2.1 Sem usar o Teorema da Dedução, apresente demonstrações para as seguintes fórmulas:

a) $\mathbf{C} = (A \to (B \to C)) \to (B \to (A \to C))$
b) $\mathbf{W} = (A \to (A \to B)) \to (A \to B)$

2.2 Repita o exercício anterior, agora usando o Teorema da Dedução e compare a complexidade das provas.

2.3 Prove os seguintes teoremas usando o Teorema da Dedução se for conveniente.

a) $(\neg p \to q) \to ((\neg p \to \neg q) \to p)$
b) $(p \to q) \to (\neg q \to \neg p)$
c) $(\neg q \to \neg p) \to (p \to q)$
d) $(p \wedge \neg p) \to q$
e) $p \to \neg \neg p$

2.4 Prove que a axiomatização possui a propriedade da substituição uniforme. Ou seja, prove que, se $\vdash_{Ax} A$, então para qualquer fórmula B que seja uma instância de A, $\vdash_{Ax} B$.

Dica: Prove por indução no tamanho n da dedução de A: $A_1, \ldots, A_n = A$.

2.5 Mostre que:

a) Se há uma dedução para $\Gamma, A \vdash B$, então obtemos uma dedução para $\Gamma \vdash A \to B$.

Dica: por indução no número de passos da dedução de $\Gamma, A \vdash B$.

b) Se há uma dedução para $\Gamma \vdash A \to B$, então obtemos uma dedução para $\Gamma, A \vdash B$.

c) Conclua o Teorema da Dedução.

■ 2.3 Dedução Natural

O método de inferência por axiomatização pode ter propriedades teóricas interessantes, mas é totalmente impraticável em termos de implementação prática. Isto pode ser visto nos exemplos da Seção 2.2.3, nos quais fica óbvio que identificar quais axiomas devem ser utilizados, em que ordem e com qual substituição é totalmente não intuitivo e requer uma busca de grande complexidade computacional.

Por outro lado, o tipo de inferências que uma pessoa faz ao raciocinar sobre os conectivos lógicos está longe de seguir o método da axiomatização. Foi pensando nesta deficiência dos sistemas de axiomatização que Gerhard Gentzen propôs um método de inferência que se aproximasse mais da forma como as pessoas raciocinam e deu a este método o nome de *Dedução Natural*.

2.3.1 Princípios da Dedução Natural

O método da Dedução Natural é um método formal de inferência baseado em princípios bem claros e simples:

- As inferências são realizadas por *regras de inferência* em que *hipóteses* podem ser introduzidas na prova e que deverão ser posteriormente *descartadas* para a consolidação da prova.
- Para cada conectivo lógico duas regras de inferência devem ser providas, uma para a *inserção* do conectivo na prova e outra para sua *remoção*.

As fórmulas introduzidas como hipóteses serão representadas entre chaves e numeradas, por exemplo $[A]^i$, onde o número será usado para indicar o descarte desta hipótese por uma regra de inferência em algum passo posterior. Além disso, é comum em apresentações de Dedução Natural utilizar-se a constante lógica $\bot$ (*falsum* ou falsidade), que não é satisfeita por nenhuma valoração. A Figura 2.1 apresenta as regras de inserção e eliminação do conectivo $\to$ (implicação) em Dedução Natural.

$$\frac{A \to B \quad A}{B} \;(\to E) \qquad \frac{\begin{array}{c}[A]^i\\ \vdots\\ B\end{array}}{A \to B}\;(\to I)^i$$

FIGURA 2.1 Eliminação e inserção da $\to$ em Dedução Natural

A regra $(\to E)$ de eliminação da implicação nada mais é do que Modus Ponens. A regra $(\to I)$ da inserção da implicação expressa a seguinte ideia: para inferir $A \to B$ é necessário hipotetizar A e, a partir desta hipótese, inferir B; o fato de A ser uma hipótese é indicado pela marcação $[A]$, e, como *toda hipótese deve ser descartada por uma regra*, utilizamos o índice numérico i, $[A]^i$ para indicar que a hipótese foi descartada pelo uso da regra $(\to -I)^i$.

Por exemplo, para provarmos que $\vdash_{DN} A \to A$ (ou seja, que $A \to A$ pode ser inferido por Dedução Natural), temos:

$$\frac{\dfrac{[A]^1}{A}}{A \to A} \; (\to I)^1$$

onde a inserção da implicação descarta a hipótese $[A]^1$ e o segundo A nada mais é do que a cópia do primeiro.

Um segundo exemplo mostra que $\vdash_{DN} A \to (B \to A)$:

$$\frac{\dfrac{[A]^1 \quad [B]^2}{\dfrac{A}{B \to A} \; (\to I)^2}}{A \to (B \to A)} \; (\to I)^2$$

Note que nesta dedução a segunda hipótese, $[B]^2$, é descartada primeiro, para em seguida descartar-se a primeira hipótese, $[A]^1$.

Um terceiro exemplo mostra que

$$\vdash_{DN} (A \to (B \to C)) \to ((A \to B) \to (A \to C)):$$

$$\frac{\dfrac{\dfrac{\dfrac{\dfrac{\dfrac{[A \to (B \to C)]^1 \quad [A]^3}{B \to C} (\to E) \quad \dfrac{[A \to B]^2 \quad [A]^3}{B} (\to E)}{C} (\to E)}{(A \to C)} (\to I)^3}{(A \to B) \to (A \to C)} (\to I)^2}{(A \to (B \to C)) \to ((A \to B) \to (A \to C))} (\to I)^1$$

Neste exemplo, a hipótese $[A]^3$ foi usada duas vezes, mas descartada uma só. O exemplo apresenta o uso de várias inserções e eliminações do conectivo $\to$. Note que estes dois últimos exemplos mostram a dedução pelo método da Dedução Natural de dois axiomas, $(\to_1)$ e $(\to_2)$, do método da axiomatização.

2.3.2 Regras de Dedução Natural para todos os conectivos

A Figura 2.2 mostra as regras de Dedução Natural para todos os conectivos. Como é usual nas apresentações de Dedução Natural, introduzimos regras para a constante lógica $\bot$, cuja interpretação é $v(\bot) = 0$ para qualquer valoração v; seu dual é a constante lógica $\top$, onde $v(\top) = 1$ para qualquer valoração v.

$$\frac{A \quad B}{A \wedge B} \;(\wedge I) \qquad \frac{A \wedge B}{A} \;(\wedge E_1) \qquad \frac{A \wedge B}{B} \;(\wedge E_2)$$

$$\frac{\begin{array}{c}[A]^i\\ \vdots\\ B\end{array}}{A \to B} \;(\to I)^i \qquad \frac{A \to B \quad A}{B} \;(\to E)$$

$$\frac{A}{A \vee B} \;(\vee I_1) \qquad \frac{B}{A \vee B} \;(\vee I_2) \qquad \frac{A \vee B \quad \begin{array}{c}[A]^i\\ \vdots\\ C\end{array} \quad \begin{array}{c}[B]^j\\ \vdots\\ C\end{array}}{C} \;(\vee E)^{i,j}$$

$$\frac{A \quad \neg A}{\bot} \;(\bot I) \qquad \frac{\bot}{A} \;(\bot E)$$

$$\frac{\begin{array}{c}[A]^i\\ \vdots\\ \bot\end{array}}{\neg A} \;(\neg I)^i \qquad \frac{\begin{array}{c}[\neg A]^i\\ \vdots\\ \bot\end{array}}{A} \;(\neg E)^i$$

FIGURA 2.2   Regras de introdução e eliminação de conectivos em Dedução Natural

O conectivo $\wedge$ possui uma regra de introdução e duas regras (simétricas) de eliminação, permitindo uma conjunção $A \wedge B$ inferir tanto A quanto B. Para exemplificar o uso destas regras, demonstramos a seguir $\vdash_{DN} A \wedge B \to A$ e $\vdash_{DN} A \to (B \to A \wedge B)$:

$$\frac{\dfrac{[A \wedge B]^1}{A} \;(\wedge E_1)}{A \wedge B \to A} \;(\to I)^1 \qquad \frac{\dfrac{[A]^1 \quad [B]^2}{A \wedge B} \;(\wedge I)}{A \to (B \to A \wedge B)} \;(\to I) \times 2$$

Na dedução da direita, o último passo representa duas introduções de $\rightarrow$, descartando cada uma das hipóteses. Note que estes dois exemplos mostram a dedução pelo método da Dedução Natural dos axiomas, $(\wedge_1)$ e $(\wedge_2)$, do método da axiomatização.

O conectivo $\vee$ possui duas regras de introdução e uma de eliminação. As regras de introdução de $\vee$ são duais das regras de eliminação de $\wedge$. Já a regra de eliminação $(\vee E)$ descarta duas hipóteses simultaneamente. Para exemplificar o uso destas regras, demonstramos a seguir $\vdash_{DN} A \rightarrow A \vee B$ e $\vdash_{DN} (A \rightarrow C) \rightarrow ((B \rightarrow C) \rightarrow ((A \vee B) \rightarrow C))$.

$$\cfrac{\cfrac{[A]^1}{A \vee B}(\vee I_1)}{A \rightarrow A \vee B}(\rightarrow I)^1$$

$$\cfrac{\cfrac{\cfrac{[A \rightarrow C]^1 \quad [A]^3}{C}(\rightarrow E) \quad \cfrac{[B \rightarrow C]^2 \quad [B]^4}{C}(\rightarrow E) \quad [A \vee B]^5}{C}(\vee E)^{3,4}}{(A \rightarrow C) \rightarrow ((B \rightarrow C) \rightarrow ((A \vee B) \rightarrow C))}(\rightarrow I) \times 3$$

Note que estes dois exemplos mostram a dedução pelo método da Dedução Natural dos axiomas, $(\vee_1)$ e $(\vee_3)$, do método da axiomatização.

O conectivo $\neg$ (negação) está intimamente ligado com a constante $\bot$ (falsidade). De fato, comparando as regras da inserção da implicação, $(\rightarrow I)$, e a regra da inserção da negação, $(\neg I)$, percebemos a semelhança entre $\neg A$ e $A \rightarrow \bot$. Isto não é coincidência, pois, se fizermos a Tabela da Verdade, verificaremos que $\neg A \equiv A \rightarrow \bot$.

A regra de introdução de $\bot$ indica que $\bot$ equivale a uma contradição; se encararmos $\neg A \equiv A \rightarrow \bot$ veremos que esta regra nada mais é que uma instanciação do Modus Ponens. A regra de eliminação de $\bot$ é o princípio da trivialização da lógica clássica[7] em que, a partir de uma contradição, qualquer fórmula é dedutível.

A regra de introdução da negação $(\neg I)$, como mencionado, assemelha-se à introdução da implicação, expressando que se assumimos uma fórmula como sendo verdadeira e isto levar à contradição, então a fórmula deve ser falsa. Por outro lado, se assumimos que uma fórmula A é falsa (ou seja, sua negação $\neg A$ é verdadeira) e chegamos a uma contradição, a regra da inserção da negação nos daria uma dupla negação, $\neg \neg A$. No entanto, a regra de eliminação da negação,

---

[7] Este princípio recebe o nome, em latim, *Ex Contraditio Quodlibet*, ou ECQ.

($\neg E$), nos permite inferir que a fórmula A é verdadeira, e, portanto, a regra ($\neg E$) corresponde à inferência $\neg\neg A \vdash A$. Para ilustrar o uso destas regras, mostramos a seguir a dedução de $\vdash (A \to B) \to ((A \to \neg B) \to \neg A)$ e $\vdash \neg\neg A \to A$.

$$\cfrac{\cfrac{\cfrac{\cfrac{\cfrac{[A \to B]^1 \; [A]^3}{B}(\to E) \quad \cfrac{[A \to \neg B]^2 \; [A]^3}{\neg B}(\to E)}{\bot}(\bot I)}{\neg A}(\neg I)^3}{(A \to B) \to ((A \to \neg B) \to \neg A)}(\to I) \times 2}$$

$$\cfrac{\cfrac{\cfrac{\cfrac{[\neg\neg A]^1 \; [\neg A]^2}{\bot}(\bot I)}{A}(\neg E)^2}{\neg\neg A \to A}(\to I)^1}{}$$

A dedução da esquerda tem a peculiaridade de assumir a hipótese $[A]^3$ e utilizá-la duas vezes (através de uma cópia), mas descartá-la uma única vez na introdução da negação $(\neg I)^3$. Este comportamento é análogo ao de permitir o descarte de duas hipótese idênticas por uma mesma regra. A dedução da direita mostra o que foi afirmado anteriormente sobre a equivalência entre $(\neg E)$ e a eliminação da dupla negação. Note que demonstramos pelo método da Dedução Natural os axiomas $(\neg_1)$ e $(\neg_2)$ do método da axiomatização. Com isso, demonstramos todos os axiomas do método de axiomatização por meio da Dedução Natural (ver Exercício 2.9).

Uma importante observação sobre as regras da dedução natural é que as regras de introdução e eliminação podem ser aplicadas a *qualquer instância* das fórmulas. De fato, fizemos isso várias vezes nas deduções apresentadas, por exemplo, quando deduzimos $\bot$ a partir de $\neg\neg A$ e $\neg A$, que podem ser vistas como instâncias de $\neg A$ e A pela substituição não circular $A := \neg A$.

2.3.3 Definição formal de Dedução Natural

Depois de vermos todos estes exemplos, estamos em condições de definir formalmente o que é uma dedução pelo método da Dedução Natural.

Definição 2.3.1 A dedução de $\Gamma \vdash_{DN} A$ pelo método da *Dedução Natural* é uma árvore cujos nós contêm fórmulas tal que:

1. A fórmula A é a raiz da árvore de dedução.
2. Os nós da folha da árvore de dedução são elementos de Γ ou hipóteses formuladas.

3. Cada nó intermediário é obtido a partir de nós superiores na árvore por meio da instanciação de uma regra de inserção ou remoção constante na Figura 2.2.
4. Todas as hipóteses formuladas devem ter sido descartadas por regras.
5. Uma regra pode descartar uma ou mais fórmulas idênticas, ou, similarmente, as hipóteses formuladas podem ser copiadas para distintos pontos da árvore de dedução.[8]

Note que, de acordo com esta definição, os *teoremas* da lógica proposicional clássica são as fórmulas que podem ser inferidas a partir de um conjunto de hipóteses $\Gamma = \emptyset$. Este foi o caso de todos os exemplos vistos até agora.

Como um exemplo de dedução em que $\Gamma \neq \emptyset$, mostramos a seguir a dedução de $A \vdash \neg\neg A$, dual de $\neg\neg A \vdash A$ vista anteriormente:

$$\dfrac{\dfrac{A \quad [\neg A]^1}{\bot}\,(\bot I)}{\neg\neg A}\,(\neg I)^1$$

Como exemplo final, mostramos a dedução não trivial do teorema conhecido como *Princípio do Terceiro Excluído*,[9] que exclui um terceiro valor verdade na lógica clássica, afirmando que toda fórmula ou é verdadeira ou é falsa: $A \vee \neg A$. Este princípio é provado hipotetizando-se sua negação, $\neg(A \vee \neg A)$, e derivando uma contradição; por eliminação da negação, chega-se ao resultado desejado.

$$\dfrac{\dfrac{\dfrac{\dfrac{[A]^1}{A \vee \neg A}\,(\vee I) \quad [\neg(A \vee \neg A)]^2}{\bot}\,(\bot I)}{\dfrac{\neg A}{A \vee \neg A}\,(\vee I)}\,(\neg I)^1 \quad [\neg(A \vee \neg A)]^2}{\dfrac{\bot}{A \vee \neg A}\,(\neg E)^1}\,(\bot I)$$

---

[8] Estritamente falando, esta regra pode ser considerada uma *regra estrutural* da Dedução Natural, ou seja, uma regra que não trata dos conectivos lógicos.
[9] Em latim, *Tertio Non Datur*.

Note que a hipótese [¬(A ∨ ¬A)] foi utilizada duas vezes e descartada no último passo da dedução.

EXERCÍCIOS

2.6 Usando Dedução Natural, apresente demonstrações para as seguintes fórmulas:

a) $\mathbf{C} = (A \to (B \to C)) \to (B \to (A \to C))$
b) $\mathbf{W} = (A \to (A \to B)) \to (A \to B)$

2.7 Deduza os seguintes resultados pelo método da Dedução Natural:

a) $(\neg p \to q) \vdash ((\neg p \to \neg q) \to p)$
b) $p \to q, \neg q \vdash \neg p$
c) $\neg q \to \neg p \vdash p \to q$
d) $\neg(p \vee q) \vdash \neg p \wedge \neg q$
e) $\neg p \wedge \neg q \vdash \neg(p \vee q)$
f) $\neg(p \wedge q) \vdash \neg p \vee \neg q$
g) $\neg p \vee \neg q \vdash \neg(p \wedge q)$
h) $p \vee (q \wedge r) \vdash (p \vee q) \wedge (p \vee r)$
i) $(p \vee q) \wedge (p \vee r) \vdash p \vee (q \wedge r)$
j) $p \wedge (q \vee r) \vdash (p \wedge q) \vee (p \wedge r)$
k) $(p \wedge q) \vee (p \wedge r) \vdash p \wedge (q \vee r)$

2.8 Demonstre o Teorema da Dedução usando as regras da Dedução Natural. Ou seja, mostre que

$$\Gamma, A \vdash_{DN} B \text{ sse } \Gamma \vdash_{DN} A \to B.$$

2.9 Prove que toda dedução pelo sistema de axiomatização pode ser simulada pelo método da Dedução Natural.

Dica: Note que já demonstramos todos os axiomas em exemplos anteriores. Note também que a substituição e o Modus Ponens fazem parte da Dedução Natural. Resta apenas mostrar, dada uma dedução axiomática, como compor uma Dedução Natural.

2.4 O método de Tableaux Analíticos

Os métodos de inferência vistos até agora permitem demonstrar quando uma fórmula pode ser a conclusão de um conjunto de hipóteses. No entanto, nenhum destes métodos provê, de maneira óbvia, um *procedimento de decisão*.

Um procedimento de decisão permite determinar a validade de um sequente, ou seja, determinar se $B_1,\ldots,B_n \vdash A_1,\ldots,A_m$ ou se $B_1,\ldots,B_n \nvdash A_1,\ldots,A_m$. No caso típico, estamos interessados em decidir sequentes com o consequente unitário, da forma $\Gamma \vdash A$. Os métodos dos Sistemas Axiomáticos e da Decisão Natural apenas nos permitiam demonstrar como A poderia ser inferido a partir de Γ. Mas não inferir que $\Gamma \nvdash A$, ou seja, não permitiam inferir a falsidade de um sequente.

É importante notar que $\Gamma \nvdash A$ *não implica* que $\Gamma \vdash \neg A$. Isto pode ser visualizado mais facilmente pela noção de consequência lógica. Considere a (in)consequência lógica $p \nvDash q$, onde claramente podemos ter uma valoração v que satisfaz p e contradiz q; com isto não podemos afirmar que $p \vDash \neg q$, pois podemos ter uma valoração v' que satisfaz p e q falsificando $\neg q$. Desta forma, temos que $p \nvDash q$ e $p \nvDash \neg q$.

Este exemplo, aliás, é muito conveniente para ilustrar o fato de que os métodos baseados em Tabelas da Verdade são procedimentos de decisão. Porém, como já vimos, estes procedimentos têm um crescimento no número de linhas das Tabelas da Verdade exponencial com o número de símbolos proposicionais.

Apresentaremos agora um método de decisão baseado num sistema de inferência, o qual não necessariamente gera provas de tamanho exponencial com o número de símbolos proposicionais, chamado método dos Tableaux Analíticos ou Tableaux Semânticos.[10]

Tableau Analítico é um método de inferência baseado em *refutação*: para provarmos que $B_1,\ldots,B_n \vdash A_1,\ldots,A_m$, *afirmaremos a veracidade* de $B_1,\ldots,B_n$ e a *falsidade* de $A_1,\ldots,A_m$, na esperança de derivarmos uma *contradição*. Se a contradição for obtida, teremos demonstrado o sequente. Por outro lado, se uma contradição não for obtida, teremos obtido um *contraexemplo* ao sequente, ou

---

[10] Tanto no singular, *tableau*, quanto no plural, *tableaux*, a palavra é pronunciada *tablô*; usaremos a grafia tradicional em francês, sem, no entanto, grafar a palavra em itálico.

seja, teremos construído uma valoração que satisfaz todas as fórmulas B_i do antecedente e falsifica todas as fórmulas A_j do consequente.

2.4.1 Fórmulas marcadas

Para afirmar a veracidade ou a falsidade de uma fórmula, o método dos Tableaux Analíticos lida com *fórmulas marcadas* pelos símbolos T (de *true*, verdadeiro) e F (falso). Desta forma, em vez de lidar com fórmulas puras, do tipo A, lidaremos com fórmulas marcadas, do tipo TA e TB. Estas fórmulas marcadas são chamadas *fórmulas conjugadas*.

O passo inicial na criação de um tableau para um sequente $B_1,\ldots,B_n \vdash A_1,\ldots,A_m$ é marcar todas as fórmulas da seguinte maneira: as fórmulas do antecedente (aquelas cuja veracidade queremos afirmar) são marcadas por T; as fórmulas do consequente, as quais, num processo de refutação, queremos afirmar sua falsidade, são marcadas por F. Desta forma, o sequente $B_1,\ldots,B_n \vdash A_1,\ldots,A_m$ dá origem ao tableau inicial:

$$\begin{array}{c} T\,B_1 \\ \vdots \\ T\,B_n \\ F\,A_1 \\ \vdots \\ F\,A_m \end{array}$$

Este formato inicial do tableau indica que ele é uma árvore. Em seguida, o tableau é expandido por regras que podem simplesmente adicionar novas fórmulas ao final de um ramo (regras do tipo α) ou bifurcar um ramo em dois (regras do tipo β).

2.4.2 Regras de expansão α e β

As fórmulas marcadas de um tableau podem ser de dois tipos: do tipo α e β. As do tipo α se decompõem em fórmulas α_1 e α_2, conforme ilustrado na Figura

2.3. As fórmulas do tipo β se decompõem em β_1 e β_2, conforme ilustrado na Figura 2.4.

α	α_1	α_2
T $A \wedge B$	T A	T B
F $A \vee B$	F A	F B
F $A \to B$	T A	F B
T $\neg A$	F A	F A

FIGURA 2.3 Fórmulas do tipo α

β	β_1	β_2
F $A \wedge B$	F A	F B
T $A \vee B$	T A	T B
T $A \to B$	F A	T B
F $\neg A$	T A	T A

FIGURA 2.4 Fórmulas do tipo β

Note que a escolha de classificar T $\neg A$ como fórmula do tipo α e F $\neg A$ como fórmula do tipo β é arbitrária e foi feita com o intuito de dar simetria ao conjunto de fórmulas marcadas. Assim, se uma fórmula é do tipo α, a fórmula conjugada é do tipo β, e vice-versa.

As regras de expansão de um tableau são as seguintes:

Expansão α: Se um ramo do tableau contém uma fórmula do tipo α, adiciona-se α_1 e α_2 ao fim de todos os ramos que contêm α.

$$\dfrac{\alpha}{\begin{array}{c}\alpha_1\\ \alpha_2\end{array}}$$

Expansão β: Se um ramo do tableau contém uma fórmula do tipo β, este ramo é bifurcado em dois ramos, encabeçados por β_1 e β_2, respectivamente.

$$\begin{array}{c} \beta \\ /\ \backslash \\ \beta_1\ \ \beta_2 \end{array}$$

Note que se p é um átomo, Tp e TFp não são fórmulas do tipo α nem do tipo β, e portanto não podem gerar expansões do tableau. Em cada ramo, uma fórmula só pode ser expandida uma única vez.

Um ramo que não possui mais fórmulas para ser expandidas é chamado de ramo *saturado*. Como as expansões α e β sempre geram fórmulas de tamanho menor, eventualmente todas as fórmulas serão expandidas até chegarmos ao nível atômico, quando todos os ramos estarão saturados. Portanto, o processo de expansão sempre termina.

Um ramo do tableau está *fechado* se possui um par de fórmulas conjugadas do tipo TA e FA. Um ramo fechado não necessita mais ser expandido, mesmo que ainda não esteja saturado. Um tableau está *fechado* se todos os seus ramos estão fechados.

Definição 2.4.1 Um sequente $B_1,\ldots,B_n \vdash_{TA} A_1,\ldots,A_m$ foi *deduzido pelo método dos Tableaux Analíticos* se existir um tableau fechado para ele.

No caso da dedução de um teorema $\vdash_{TA} A$ pelo método dos Tableaux Analíticos, devemos construir um tableau fechado para A.

Vamos ver a seguir alguns exemplos de dedução e de decisão pelo método dos Tableaux Analíticos.

2.4.3 Exemplos

Como primeiro exemplo vamos provar o teorema $\vdash p \vee \neg p$:

1. F$p \vee \neg p$
2. Fp $\alpha,1$
3. F$\neg p$ $\alpha,1$
4. FTp $\beta,3$
    ×   2,4

Neste primeiro exemplo não há bifurcações. Iniciamos aplicando uma expansão α numa fórmula do formato (F$\vee$), gerando as linhas 2 e 3. Em seguida, expandimos a fórmula (F¬) da linha 3, que apesar de ser nominalmente do tipo β, não provoca bifurcação. As linhas 2 e 4 fecham o ramo, e, como este tableau tem apenas um ramo, o tableau está fechado, e o teorema foi demonstrado. Note que o único ramo está saturado.

Como segundo exemplo, vamos provar que $p \to q, q \to r \vdash p \to r$:

$$
\begin{array}{c}
\mathrm{T}\,p \to q \\
\mathrm{T}\,q \to r \\
\mathrm{F}\,p \to r \\
\mathrm{T}\,p \\
\mathrm{F}\,r \\
\diagup\quad\diagdown \\
\mathrm{F}p \qquad \mathrm{T}q \\
\times \quad\;\; \diagup\;\diagdown \\
\quad\;\; \mathrm{F}q \;\; \mathrm{T}r \\
\quad\;\; \times \;\;\; \times
\end{array}
$$

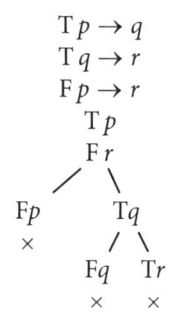

Neste exemplo, primeiro aplicou-se uma α em F$p \to r$; em geral, por motivos de eficiência, aplicam-se todas as expansões α antes de aplicar uma β. Em seguida, aplicou-se uma β em T$p \to q$, fechando o ramo esquerdo; note que ele foi fechado sem estar saturado. Em seguida, aplicou-se uma β em T$q \to r$, e os dois ramos foram imediatamente fechados.

No próximo exemplo, vamos mostrar um sequente não dedutível. Vamos considerar $p, p \wedge q \to r \vdash r$:

$$
\begin{array}{c}
\mathrm{T}p \\
\mathrm{T}p \wedge q \to r \\
\mathrm{F}r \\
\diagup\quad\diagdown \\
\mathrm{F}p \wedge q \quad\; \mathrm{T}r \\
\diagup\;\diagdown \quad\;\; \times \\
\mathrm{F}p \;\; \mathrm{F}q \\
\times
\end{array}
$$

Neste tableau, o ramo mais à direita e o ramo mais à esquerda estão fechados. No entanto, o ramo central está saturado e aberto. Neste, temos as seguintes fórmulas atômicas marcadas: Tp, Fq, Fr. Este ramo fornece a valoração v tal que $v(p) = 1, v(q) = v(r) = 0$. Note que esta valoração demonstra que $p, p \wedge q \to r \nvDash r$, pois satisfaz p e $p \wedge q \to r$ e falsifica r. Ou seja, o ramo saturado e aberto nos deu um *contraexemplo* do sequente.

O fato de que há um ramo saturado aberto no tableau implica que $p, p \wedge q \to r \not\vdash_{TA} r$. Não é coincidência que o tableau nos forneça uma valoração que é um contraexemplo ao sequente que tentávamos provar, conforme veremos na Seção 2.5, na qual provaremos a correção e completude do método de Tableaux Analíticos em relação à semântica de valorações.

Um segundo exemplo que demonstra a geração de contraexemplos a partir de um ramo saturado aberto é o sequente não dedutível $p \vee q, p \to r, q \to r \vee s \vdash r$, que gera o seguinte tableau:

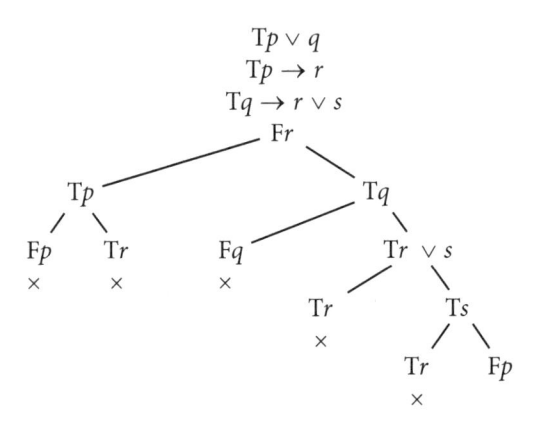

```
          T p ∨ q
          T p → r
          T q → r ∨ s
              F r
         /          \
        Tp           Tq
       /  \         /  \
      Fp   Tr      Fq   Tr ∨ s
      ×    ×       ×    /    \
                       Tr     Ts
                       ×      / \
                             Tr  Fp
                             ×
```

Neste tableau, o ramo mais à direita está aberto e contém as fórmulas atômicas marcadas: Fr, Tq, Ts e Fp. Consideramos então uma valoração v tal que $v(r) = v(p) = 0$ e $v(q) = v(s) = 1$. Com isso, temos que $v(p \vee q) = v(p \to r) = v(q \to r \vee s) = 1$, satisfazendo o antecedente do sequente, mas falsificando o consequente. Do tableau aberto inferimos que $p \vee q, p \to r, q \to r \vee s \not\vdash_{TA} r$, e da valoração contraexemplo inferimos que $p \vee q, p \to r, q \to r \vee s \not\vDash r$.

Por fim, vamos exemplificar o fato de que um sequente pode ter mais de um tableau. Considere o sequente $p \vee q, p \to r, q \to r \vdash r$. Um primeiro tableau aplica as regras β às fórmulas conforme sua ocorrência de cima para baixo, gerando o seguinte tableau:

```
        Tp ∨ q
        Tp → r
        Tq → r
         Fr
        /    \
      Tp      Tq
     /  \    /   \
    Fp  Tr  Fp    Tr
    ×   ×   / \   ×
          Fq   Tr
          ×    ×
```

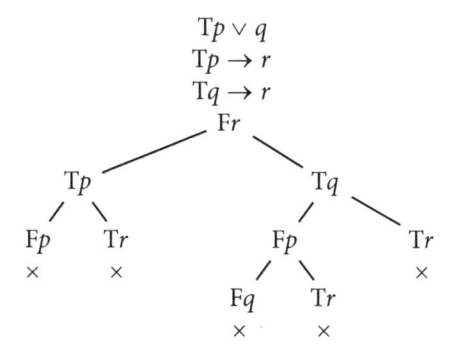

Neste tableau há quatro bifurcações e cinco ramos, todos fechados. Se, no entanto, aplicarmos as bifurcações nas fórmulas β de baixo para cima, teremos o seguinte tableau:

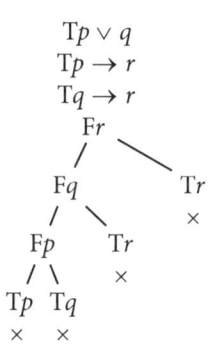

```
        Tp ∨ q
        Tp → r
        Tq → r
         Fr
        /   \
       Fq    Tr
      /  \    ×
     Fp   Tr
    /  \   ×
   Tp   Tq
    ×    ×
```

Neste segundo tableau há apenas três bifurcações e quatro ramos. Isto mostra que a ordem em que as bifurcações são feitas pode afetar o tamanho do tableau. Um mesmo sequente pode ter uma prova de tamanho linear ou exponencial, dependendo da ordem em que as regras são aplicadas.

No entanto, é importante notar que se há um tableau fechado para um sequente, qualquer outro tableau também irá fechar, independentemente da ordem de aplicação de regras.

EXERCÍCIOS

2.10 Prove ou refute os sequentes abaixo pelo método dos Tableaux Analíticos:

a) $\neg q \to \neg p \vdash p \to q$
b) $\neg p \to \neg q \vdash p \to q$
c) $p \to q \vdash p \to q \lor r$
d) $p \to q \vdash p \to q \land r$
e) $\neg(p \land q) \vdash \neg p \land \neg q$
f) $\neg(p \lor q) \vdash \neg p \lor \neg q$
g) $p \lor q, \neg q \vdash p$ (Modus Tolens)
h) $p \to q, q \vdash p$ ("Modus Erronens")
i) $p \to q, \neg q \vdash \neg p$

2.11 Prove os axiomas do *fragmento implicativo* da lógica clássica:

   I $\quad p \to p$
   B $\quad (p \to q) \to (r \to p) \to (r \to p)$
   C $\quad (p \to q \to r) \to (q \to p \to r)$
   W $\quad (p \to p \to q) \to (p \to q)$
   S $\quad (p \to q \to r) \to (p \to q) \to (p \to r)$
   K $\quad p \to q \to p$
   Peirce $\quad ((p \to q) \to p) \to p$

2.12 Considere o conectivo $\leftrightarrow$ (*bi-implicação* ou *equivalência*) com a seguinte Tabela da Verdade:

$A \leftrightarrow B$	$B = 0$	$B = 1$
$A = 0$	1	0
$A = 1$	0	1

Dê regras de tableau para este conectivo. Estas regras são do tipo α ou β?

2.13 Usando a regra definida no exercício anterior, prove as seguintes equivalências notáveis pelo método dos Tableaux Analíticos:
a) $\neg\neg p \leftrightarrow p$ (eliminação da dupla negação)
b) $p \rightarrow q \leftrightarrow \neg p \vee q$ (definição de $\rightarrow$ em termos de $\vee$ e $\neg$)
c) $\neg(p \vee q) \leftrightarrow \neg p \wedge \neg q$ (Lei de *De Morgan* 1)
d) $\neg(p \wedge q) \leftrightarrow \neg p \vee \neg q$ (Lei de *De Morgan* 2)
e) $p \wedge (q \vee r) \leftrightarrow (p \wedge q) \vee (p \wedge r)$ (Distributividade de $\wedge$ sobre $\vee$)
f) $p \vee (q \wedge r) \leftrightarrow (p \vee q) \wedge (p \vee r)$ (Distributividade de $\vee$ sobre $\wedge$)

■ 2.5 Correção e completude

Nesta seção, abordaremos as questões da lógica dentro de um enfoque mais formal e provaremos a *correção* e a *completude* do método de Tableaux Analíticos em relação à semântica de valorações vista no Capítulo 1. Provaremos também que este método é *decidível*, ou seja, o método sempre termina com uma resposta.

Recorde que a implicação lógica de uma fórmula A a partir de um conjunto de hipóteses Γ é denotada por $\Gamma \vDash A$, que foi definida como sendo verdadeira quando, para toda valoração v, se v satisfaz todas as fórmulas $B \in \Gamma$ ($v(\Gamma)=1$) então v satisfaz A ($v(A)=1$). Ou seja:

$$\Gamma \vDash A \text{ sse } v(\Gamma) = 1 \text{ implica } v(A) = 1$$

Por outro lado, representamos por $\Gamma \vdash_{TA} A$ o fato de existir um tableaux analítico fechado com hipóteses Γ e conclusão A.

Desta forma, definimos que o método de Tableaux Analíticos é *correto* se sempre que for possível obtermos uma prova de $\Gamma \vdash_{TA} A$ então será verdade que $\Gamma \vDash A$. Ou seja, a correção pode ser expressa por:

$$\Gamma \vdash_{TA} A \Rightarrow \Gamma \vDash A.$$

Por outro lado, o método de Tableaux Analíticos é completo se sempre que uma implicação lógica for verdadeira, $\Gamma \vDash A$, então conseguiremos prová-la, obtendo $\Gamma \vdash_{TA} A$. Ou seja, a completude pode ser expressa por

$$\Gamma \vdash_{TA} A \Leftarrow \Gamma \vDash A.$$

Note que, no caso de completude, o fato de que existe uma tableau fechado para $\Gamma \vdash_{TA} A$ não quer dizer, imediatamente, que exista um algoritmo que produza sempre este tableau. Similarmente, se uma consequência lógica é falsa, isto não implica automaticamente que haja um algoritmo que sempre consiga um ramo aberto (e, portanto, uma *contravaloração* ou um contraexemplo) que falsifique a consequência lógica. Definimos, então, o método de Tableaux Analíticos como sendo *decidível* se existir um algoritmo tal que:

- Se $\Gamma \vDash A$, então o algoritmo sempre gera um tableau fechado para $\Gamma \vdash_{TA} A$.
- Se $\Gamma \nvDash A$, então o algoritmo gera um tableau com um ramo saturado aberto.

A seguir veremos como demonstrar estas propriedades.

2.5.1 Conjuntos descendentemente saturados

Um conjunto de fórmulas marcadas Θ é dito *descendentemente saturado* se as seguintes condições forem respeitadas:

1. Nenhuma fórmula marcada e seu conjugado estão simultaneamente em Θ.
2. Se existe alguma fórmula marcada em Θ do tipo α, então $\alpha_1 \in \Theta$ e $\alpha_2 \in \Theta$.
3. Se existe alguma fórmula marcada em Θ do tipo β, então $\beta_1 \in \Theta$ ou $\beta_2 \in \Theta$ (ou ambos).

Os conjuntos descendentemente saturados são às vezes chamados *conjuntos de Hintikka*, e são importantes para o estudo de tableaux devido ao seguinte fato.

Lema 2.5.1 *Todo ramo saturado e aberto de um tableau é um conjunto descendentemente saturado.*

Demonstração: Como o ramo é aberto, nenhuma fórmula e seu conjugado podem estar presentes no ramo, satisfazendo a primeira condição.

Devido à saturação, se há uma fórmula do tipo α no ramo, então tanto α_1 quanto α_2 estão no ramo, satisfazendo a segunda condição. ∎

Também devido à saturação, se há uma fórmula do tipo β no ramo, então β_1 ou β_2 estão no ramo, satisfazendo a terceira condição.

Nem todo conjunto descendentemente saturado é um ramo. Por exemplo, podemos ter um conjunto infinito de fórmulas que é descendentemente saturado, mas como veremos na prova de decidibilidade, não é possível termos ramos infinitos em um tableau para a lógica proposicional clássica.

Por outro lado, esse resultado indica que a expansão de um ramo é uma tentativa de se construir um conjunto descendentemente saturado a partir de um conjunto qualquer de fórmulas. Note que isto é apenas uma tentativa, pois pode ser impossível a construção do conjunto descendentemente saturado exatamente nos casos em que todos os ramos do tableau fecham, e a proibição de uma fórmula e seu conjugado pertencerem ao conjunto não pode ser respeitada.

O próximo passo é estender a noção de valoração para fórmulas marcadas. Isto pode ser facilmente obtido da seguinte maneira:

$$v(TA) = 1 \quad sse \quad v(A) = 1$$
$$v(FA) = 1 \quad sse \quad v(A) = 0$$

Desta forma, podemos dizer que uma valoração v satisfaz um conjunto Θ de fórmulas marcadas se para toda fórmula marcada $\psi \in \Theta$, $v(\psi) = 1$. Um conjunto de fórmulas marcadas Θ é *satisfazível* se existir um v tal que $v(\Theta) = 1$, ou seja, tal que $v(\psi) = 1$ para todo $\psi \in \Theta$.

Provaremos agora dois lemas que nos fornecerão o caminho para as provas de correção e completude do método dos Tableaux Analíticos.

Lema 2.5.2 *Seja Θ um conjunto satisfazível de fórmulas marcadas. Então:*
 a) Se $\alpha \in \Theta$, então $\Theta \cup \{\alpha_1, \alpha_2\}$ é satisfazível também.
 b) Se $\beta \in \Theta$, então $\Theta \cup \{\beta_1\}$ ou $\Theta \cup \{\beta_2\}$ é satisfazível.

Demonstração:

a) Suponha que $\alpha \in \Theta$ é da forma $TA \wedge B$. Como Θ é satisfazível, existe v tal que $v(\Theta) = 1$. Em particular, $v(\alpha) = 1$, e, portanto, $v(A) = v(B) = 1$, logo $v(\Theta \cup \{TA, TB\}) = 1$.

A prova é totalmente análoga nos casos em que α é da forma $FA \vee B$, $FA \to B$ e $T\neg A$. (Ver Exercício 2.14.)

b) Suponha que $\beta \in \Theta$ é da forma $FA \wedge B$. Como Θ é satisfazível, existe v tal que $v(\Theta) = 1$. Em particular, $v(\beta) = 1$, e, portanto, $v(A) = 0$ ou $v(B) = 0$. Se $v(A) = 0$, temos que $v(\Theta \cup \{FA\}) = 1$, e se $v(B) = 0$ temos que $v(\Theta \cup \{FB\}) = 1$.

A prova é totalmente análoga nos casos em que β é da forma $TA \vee B$, $TA \to B$ e $F\neg A$. (Ver Exercício 2.15.) ∎

Este segundo lema é conhecido como Lema de Hintikka.

Lema 2.5.3 [Hintikka] *Todo conjunto descendentemente saturado é satisfazível.*

Demonstração: Seja Θ um conjunto descendentemente saturado; logo, para um mesmo átomo p não podemos ter $Tp \in \Theta$ e $Fp \in \Theta$. Vamos construir uma valoração v da seguinte maneira:

- Se $Tp \in \Theta$ então $v(p) = 1$.
- Se $Fp \in \Theta$ então $v(p) = 0$.
- Se nem Tp nem Fp estão em Θ, então $v(p)$ pode ser qualquer valor.

É imediato que todo átomo marcado em Θ é satisfeito por v. Vamos demonstrar por indução na complexidade da fórmula que para toda fórmula marcada $\psi \in \Theta$, $v(\psi) = 1$. O caso básico foi coberto pela observação sobre átomos marcados. Resta analisar dois casos indutivos.

Se $\alpha \in \Theta$ então $\alpha_1, \alpha_2 \in \Theta$. Pela hipótese de indução, $v(\alpha_1) = v(\alpha_2) = 1$. É fácil verificar que para α da forma $TA \wedge B$, $FA \vee B$, $FA \to B$ ou $T\neg A$, isto implica que $v(\alpha) = 1$ (ver Exercício 2.14).

Se $\alpha \in \Theta$ então $\beta_1 \in \Theta$ ou β_2. Sem perda de generalidade, suponha que $\beta_1 \in \Theta$ e então, pela hipótese de indução, $v(\beta_1) = 1$. Para as quatro possíveis formas de β, $v(\beta_1) = 1$ implica que $v(\beta) = 1$ (ver Exercício 2.15). A prova é totalmente análoga se $\beta_2 \in \Theta$.

Desta forma, provamos que todas as fórmulas em Θ são satisfeitas por v, como desejado. ∎

Note que o Lema de Hintikka vale tanto para conjuntos finitos quanto para conjuntos infinitos de fórmulas marcadas.

2.5.2 Correção do método de Tableaux Analíticos

Estamos em condições de provar a correção do método de Tableaux Analíticos.

Teorema 2.5.1 [Correção] O método de Tableaux Analíticos é correto com relação à semântica de valorações. Ou seja, se $\Gamma \vdash_{TA} A$ então $\Gamma \vDash A$.

Demonstração: Vamos provar a *contrapositiva* do enunciado do teorema, ou seja, vamos assumir que $\Gamma \nvDash A$ e provar que $\Gamma \nvdash_{TA} A$.

De fato, suponha que $\Gamma \nvDash A$. Então existe uma valoração v tal que $v(\Gamma) = 1$ e $v(A) = 0$. Seja Θ_0 o conjunto de fórmulas marcadas representando o tableau inicial para $\Gamma \vdash_{TA} A$; claramente $v(\Theta_0) = 1$. Vamos provar que a cada passo da expansão do tableau haverá sempre um ramo Θ_i tal que $v(\Theta_i) = 1$.

Suponha que $v(\Theta_{i-1}) = 1$. Se o ramo Θ_{i-1} for expandido por uma fórmula α, então pelo Lema 2.5.2, a expansão será satisfeita por v. Se o ramo Θ_{i-1} for expandido por uma fórmula β, então pelo Lema 2.5.2, ao menos um dos dois ramos resultantes será satisfeito por v. Em ambos os casos temos um ramo Θ_i tal que $v(\Theta_i) = 1$.

Logo, sempre haverá um ramo satisfeito que, após todas as expansões, será um conjunto descendentemente saturado e não poderá fechar. Portanto $\Gamma \nvdash_{TA} A$. ∎

Note que a prova do Teorema 2.5.1 mostra que, se $\Gamma \nvDash A$, *nenhum* tableau para estas hipóteses poderá fechar.

2.5.3 A completude do método de Tableaux Analíticos

A completude do método é uma decorrência direta do Lema de Hintikka, como podemos ver a seguir.

Teorema 2.5.2 [Completude] O método de Tableaux Analíticos é completo com relação à semântica de valorações. Ou seja, se $\Gamma \vDash A$ então $\Gamma \vdash_{TA} A$.
Demonstração: Vamos também demonstrar usando a contrapositiva. Suponhamos que $\Gamma \nvdash_{TA} A$ pois temos um ramo Θ saturado e aberto. Sabemos pelo Lema 2.5.1 que este ramo é um conjunto descendentemente saturado; logo, pelo Lema de Hintikka, Θ é satisfazível. Portanto existe uma valoração que satisfaz Γ e falsifica A, ou seja, $\Gamma \nvDash A$. ∎

Note que este teorema também implica que se $\Gamma \vDash A$, qualquer tableau para estes dados deve fechar, caso contrário teremos uma valoração que é um contraexemplo para $\Gamma \vDash A$.

2.5.4 Decidibilidade

Para provarmos que o método dos tableaux é decidível, basta mostrarmos que um desenvolvimento qualquer de um tableau para a lógica proposicional clássica, independentemente da ordem em que as expansões são feitas, sempre gera tableaux finitos.[11]

Teorema 2.5.3 O método de Tableaux Analíticos é um processo de decisão para a lógica proposicional clássica.

Demonstração: No processo de expansão de um tableau, notamos que:
1. uma fórmula nunca é expandida mais de uma vez; e
2. a expansão de uma fórmula gera sempre fórmulas de complexidade menor.

Desta forma, à medida que se vai expandindo um tableau, qualquer que seja a ordem de expansão, as fórmulas não expandidas serão cada vez de complexidade menor, até que finalmente tenhamos apenas átomos, que não podem ser expandidos, e todos os ramos do tableau estarão saturados. Se todos os ramos

---

[11] Note que esta propriedade deixará de ser verdade quando abordarmos a lógica de primeira ordem na Parte II do livro.

estiverem fechados, então o sequente inicial é uma consequência lógica. Caso contrário, temos um contraexemplo do sequente inicial. ∎

Os Tableaux Analíticos são métodos muito mais brandos à manipulação que as tediosas Tabelas da Verdade, se bem que ambos os métodos são procedimentos de decisão para a lógica clássica. No entanto, as Tabelas da Verdade são métodos determinísticos, enquanto os tableaux dependem da ordem em que as fórmulas são escolhidas para ser expandidas. Fica a pergunta de caráter computacional: será que os tableaux são sempre melhores que as Tabelas da Verdade na demonstração de um teorema?

A resposta é: nem sempre. Em geral, quando o tamanho da fórmula não é muito maior que o número de átomos, a utilização de tableaux pode gerar deduções muito menores. No entanto, quando se trata de uma fórmula "gorda", na qual seu tamanho é exponencial em relação ao número de átomos distintos, a situação pode se inverter. Veja o Exercício 2.16.

EXERCÍCIOS

2.14 Mostre, examinando cada um dos casos, que $v(\alpha) = 1$ sse $v(\alpha_1) = v(\alpha_2) = 1$.

2.15 Mostre, examinando cada um dos casos, que $v(\beta) = 1$ sse $v(\beta_1) = 1$ ou $v(\beta_2) = 1$.

2.16 Considere a seguinte família de tautologias:

$H_1 = p \vee \neg p$
$H_2 = (p \wedge q) \vee (\neg p \wedge q) \vee (p \wedge \neg q) \vee (\neg p \wedge \neg q)$
$H_3 = (p \wedge q \wedge r) \vee (\neg p \wedge q \wedge r) \vee (p \wedge \neg q \wedge r) \vee (\neg p \wedge \neg q \wedge r) \vee$
$\quad\quad (p \wedge q \wedge \neg r) \vee (\neg p \wedge q \wedge \neg r) \vee (p \wedge \neg q \wedge \neg r) \vee (\neg p \wedge \neg q \wedge \neg r)$

Pede-se:
a) Dê a forma geral da tautologia H_n. Calcule a complexidade da fórmula H_n em função de n, o número de átomos.

b) Faça um tableau para H_1, H_2, H_3, H_n e conte o número de ramos utilizados em função de n.

c) Faça uma Tabela da Verdade para H_1, H_2, H_3, H_n e conte o número de células da sua tabela em função de n.

d) Qual dos dois métodos é mais eficiente na prova dos teoremas na família H_n?

2.6 Notas bibliográficas

David Hilbert foi um dos matemáticos mais influentes do final do século XIX e início do XX. Em seu trabalho sobre os fundamentos da Geometria (Hilbert, 1899), ele propôs a primeira axiomatização correta e completa da Geometria Euclidiana. Este conjunto de axiomas ficou conhecido como Sistema de Axiomas de Hilbert para Geometria, e, em geral, sistemas de axiomas ficaram conhecidos como Sistemas de Hilbert. Em 1920, Hilbert apresentou uma proposta que ficou conhecida como o Programa de Hilbert para a Matemática, o qual propõe que toda a matemática deve ser fundada em sólidos e completos princípios da Lógica (Hilbert, 1927). Ele pretendia mostrar que toda a matemática segue de um sistema de axiomas, e que este sistema é consistente (Gray, 2000). Esta proposta até hoje ainda é muito popular (Wikipedia, 2004), apesar de ter sido demonstrada impossível com os teoremas da incompletude de Gödel, em 1931 (Gödel, 1931).

Apesar de seu apelo formal, os sistemas de axiomatizações segundo Hilbert não espelham a forma como as pessoas em geral, e os matemáticos em especial, procedem suas deduções. No intuito de prover um sistema de dedução que melhor espelhasse este procedimento, Gerhard Gentzen criou o sistema formal de Dedução Natural num artigo de 1935. Tendo dificuldades de provar a consistência de tal sistema (que veio a ser demonstrada diretamente por Prawitz em 1965, que no mesmo artigo propôs outro sistema, hoje conhecido como Sistema de Sequentes de Gentzen, cuja consistência pôde provar pelo procedimento de Eliminação do Corte, que por sua vez levou à prova indireta da consistência da Dedução Natural (Szabo, 1969). O sistema de sequentes de Gentzen com eliminação do corte está na base do método de provas de Tableaux Analíticos.

Gerhard Gentzen tinha relações com instituições nazistas, tendo ido ocupar uma posição em Praga como parte do esforço de guerra nazista na Segunda Guerra. Ele foi preso, com todo o corpo acadêmico alemão em Praga, quando houve a revolta contra a ocupação nazista em maio de 1945. Com a chegada do exército russo, foi internado em um campo de prisioneiros, onde veio a falecer de subnutrição em agosto de 1945 (Vihan, 1995).

O método de Tableaux Analíticos possui diversos "pais". Por exemplo, temos o trabalho de Beth (Beth, 1962), o de Hintikka (Hintikka, 1962) e o de Smullyan. Nossa apresentação foi baseada no influente trabalho de Raymond Smullyan (Smullyan, 1968), assim como a maioria do que foi feito posteriormente sobre o método de provas por Tableaux Analíticos deve muito a este trabalho. Com o advento da Dedução Automática por computador, diversas críticas e adições foram feitas ao método de Tableaux Analíticos no que diz respeito à sua eficiência. Em particular, foi questionado se este método é sempre mais eficiente do que Tabelas da Verdade (D'Agostino, 1992).

Raymond Smullyan, além de matemático, é também músico e mágico, tendo atuado profissionalmente em todas essas áreas. Além disso, é um grande escritor de livros de quebra-cabeças sobre xadrez e sobre os fundamentos da Matemática, tendo escrito livros como *Qual é o nome deste livro?* e *Satã, Cantor, Infinitude e outros quebra-cabeças* (*Satan, Cantor, infinity and other mind-boggling puzzles*).

Capítulo 3

Aspectos computacionais

■ 3.1 Introdução

Neste capítulo apresentaremos diversos métodos que visam à implementação eficiente de provadores de teoremas automáticos em computador para a Lógica Clássica Proposicional.

Primeiramente, na Seção 3.2, apresentaremos uma forma de implementar um provador de teoremas pelo método de Tableaux Analíticos. Também apresentaremos diversas famílias de teoremas de complexidade de prova crescente, que podem ser usadas para testar a eficiência do provador implementado.

Os provadores de teoremas usados na prática não são baseados em tableaux analíticos. Isto se deve a uma característica intrínseca de ineficiência deste método.[1] Na segunda parte do capítulo, exploraremos os métodos mais usados na prática para prova de teoremas. Inicialmente, nos concentraremos na representação de fórmulas usadas na prática, e para isso descreveremos na Seção 3.3 as formas normais conjuntiva (ou clausal) e disjuntiva. Os métodos mais difundidos na prática são todos baseados na forma clausal. Em especial, o importante método de prova de

---

[1] O método de Tableaux Analíticos é baseado num cálculo lógico no qual a *regra do corte* foi eliminada, o que causa sua ineficiência; infelizmente, uma discussão mais profunda sobre isso está fora do escopo deste texto introdutório.

teoremas por Resolução, apresentado na Seção 3.4, é capaz de detectar a inconsistência de teorias no formato clausal.

As implementações mais eficientes de provadores de teoremas para Lógica Proposicional Clássica são baseadas em uma forma restrita de resolução. Esses provadores são conhecidos como Resolvedores SAT e, em sua maioria, implementam a restrição da resolução conhecida como Algoritmo DPLL. Para obter ganho de eficiência, diversos métodos são acrescidos ao método DPLL. A Seção 3.5 discute o algoritmo DPLL e diversas formas de aumentar sua eficiência.

■ 3.2 Implementação de um provador de teoremas pelo método de Tableaux Analíticos

Na Seção 2.4 foi apresentado o método de Tableaux Analíticos como um método de inferência lógica e também de decisão, capaz de decidir sobre a validade de uma fórmula ou a derivabilidade de um sequente.

Nesta seção indicaremos formas de implementar este método, o que implica analisarmos dois pontos cruciais para a transformação da apresentação abstrata do método dos tableaux em uma realidade implementada. Estes dois pontos são as *estratégias computacionais* e as *estruturas de dados*.

Além disso, apresentaremos *famílias de fórmulas notáveis* de crescente complexidade que servem de teste para uma eventual implementação de um provador de teoremas.

3.2.1 Estratégias computacionais

O Algoritmo 3.1 apresenta de forma genérica um provador de teoremas pelo método de Tableaux Analíticos. Uma das propriedades fundamentais do Algoritmo 3.1 é que trata-se de um algoritmo *não-determinístico*.

Algoritmo 3.1 Prova de teoremas por Tableaux Analíticos

Entrada: Um sequente $A_1, \ldots, A_n \vdash B_1, \ldots B_n$.

Saída: verdadeiro, se $A_1, \ldots, A_n \vDash B_1, \ldots B_n$, ou um contraexemplo, caso contrário.

1: Criar um ramo inicial contendo $TA_1, \ldots, TA_n, FB_1, \ldots FB_n$.

2: **enquanto** existir um ramo *aberto* **faça**
3:   Escolher um ramo aberto θ.
4:   **se** o ramo θ está saturado **então**
5.   Encontrar todos os átomos marcados de θ.
6.   **retorne** a valoração correspondente a estes átomos marcados.
7:   **fim se**
8:   Escolher R, uma das regras aplicáveis em θ.
9:   Expandir o tableau, aplicando R sobre θ.
10: Verificar se θ ou seus sub-ramos fecharam.
11: **fim enquanto**
12: **retorne** `verdadeiro`

Em um algoritmo *determinístico*, ao final de cada passo de execução a próxima instrução a ser executada está totalmente definida. Por outro lado, um algoritmo *não determinístico* é caracterizado pela realização de escolhas em determinados pontos do algoritmo. No caso do Algoritmo 3.1, estas escolhas estão explicitadas nas linhas 3 e 8. A linha 3 contém uma escolha sobre qual ramo proceder a expansão do tableau. A linha 8 contém uma escolha sobre qual regra aplicar a um determinado ramo aberto.

Os computadores que temos a nosso dispor são máquinas determinísticas. Para que um algoritmo não determinístico possa ser implementado em um computador determinístico é preciso incorporar ao algoritmo uma *estratégia computacional* ou *estratégia de seleção*. Tal estratégia tem a função de implementar uma política determinística de escolha em cada passo não determinístico do programa.

É importante notar que a escolha da estratégia pode ter consequências muito drásticas sobre a eficiência do provador de teoremas. Com a estratégia errada, um sequente que possui um tableau linear poderia gerar, devido à seleção de regras que causam bifurcações, uma árvore larga, que só gera um tableau fechado depois de um tempo exponencial em relação ao tamanho das fórmulas contidas no sequente inicial.

Vamos analisar a seguir as estratégias necessárias para determinizar o Algoritmo 3.1.

Estratégias de escolha de ramos

A classe de estratégias utilizada na escolha do ramo do tableau a ser expandido é conhecida na literatura como *estratégia de busca em árvore*. O objetivo da busca é encontrar um ramo que seja aberto e saturado, em cujo caso a busca se acaba, e, no caso em que esta busca falha, temos um tableau fechado.

Inicialmente o tableau possui apenas um ramo. À medida que regras do tipo β vão sendo aplicadas, diversos ramos podem surgir, forçando o algoritmo a fazer uma escolha sobre qual ramo expandir.

Dentre as várias estratégias de busca em árvore conhecidas na literatura destacamos a seguintes:

Busca em profundidade Este tipo de busca tende a expandir um ramo até a saturação. No caso de tableaux, isto significa expandir um ramo até que esteja fechado ou saturado. Ao se aplicar uma regra-β, a busca procede no ramo contendo β_1. Caso o ramo seja fechado, a escolha retrocede para o ramo contendo β_2 da bifurcação mais recente.

O fato de o ramo contendo β_1 ser escolhido primeiro para continuação da expansão é arbitrário; poderíamos ter uma estratégia mais refinada que analisaria qual dos dois ramos deveria ser expandido primeiro, retornando ao outro caso o escolhido venha a fechar.

Busca de largura Este tipo de busca tende a aplicar em sequência expansão em cada ramo aberto, fazendo que todos os ramos abertos tenham o mesmo cumprimento (em termos de número de regras aplicadas a ele).

Por razões de eficiência e espaço, a busca em profundidade é a preferida na expansão de tableau. Este método é mais eficiente, pois, se o ramo for saturar sem fechar, atingiremos este ponto antes do método em largura. Em termos de espaço este método também é mais econômico, pois a cada instante necessitamos armazenar apenas o ramo atual, mantendo apenas uma pilha de pontos de retrocesso. Quando um ramo se fecha, o trecho final entre o fechamento e a última bifurcação pode ser descartado ao se reiniciar a expansão do ramo contendo β_2.

Mais adiante detalharemos as estruturas de dados necessárias para que este mecanismo de busca em profundidade possa ser implementado.

Estratégias de seleção de regras

Uma vez que temos um ramo aberto selecionado, precisamos selecionar, dentre as possíveis regras que podem expandir aquele ramo, qual será aplicada. Diversas estratégias podem ser adotadas, e uma composição de estratégias muitas vezes é usada.

A primeira estratégia que apresentaremos é universalmente adotada, e a chamaremos de α-primeiro. Trata-se da estratégia de, em um determinado ramo, aplicar inicialmente todas as expansões-α possíveis. Desta forma, uma expansão-β somente será aplicada quando não houver mais nenhuma expansão-α aplicável.

A estratégia α-primeiro baseia-se no fato que as expansões-α não criam novos ramos e podem levar um ramo ao fechamento antes de qualquer bifurcação, e portanto devem ser realizadas antes.

Não há qualquer imposição de ordem nas α-expansões, pois, se há várias candidatas à α-expansão, uma expansão não afetará o status de candidatas das fórmulas já existentes. Assim sendo, em qualquer ordem em que forem feitas as α-expansões obteremos o mesmo conjunto de formas marcadas em um ramo. Para melhorar a eficiência, pode-se considerar que a transformação resultante da aplicação de todas as expansões α é apenas uma expansão, e verificar o fechamento do ramo apenas após a saturação das expansões α.

Uma segunda estratégia, quase universal, é descartar a fórmula α ou β após sua expansão. Isto equivale a substituir uma fórmula por sua expansão, e como esta substituição é uma equivalência lógica válida, esta simplificação pode ser feita. A forma como esta simplificação é feita depende das estruturas de dados escolhidas, o que discutiremos mais adiante.

A ordem em que as β-expansões são feitas pode ter um grande efeito sobre o tamanho do tableau e, portanto, sobre a eficiência do provador de teoremas. Apresentamos a seguir algumas das estratégias possíveis, que ordenam as fórmulas β presentes em um ramo do tableau de acordo com a configuração do ramo.

Ordem direta Consiste em selecionar a primeira fórmula β que ocorre no ramo para expansão. Esta estratégia não envolve nenhuma inteligência e depende da ordem em que as fórmulas são apresentadas no tableau.

Ordem reversa Consiste em selecionar a última fórmula β que ocorre no ramo para expansão. Possui as mesmas desvantagens do caso anterior.

Menor tamanho Consiste em selecionar a menor das fórmulas β. A ideia é que, quanto menor a fórmula, mais fácil fechar o ramo.

Contém subfórmula Consiste em dar preferência para uma fórmula se houver subfórmulas suas presentes no ramo. A ideia também é a de facilitar o fechamento do ramo. Esta estratégia pode ser refinada verificando-se a polaridade das subfórmulas. Neste caso, contabiliza-se apenas as subfórmulas que ocorrem no ramo com a polaridade oposta à sua ocorrência na fórmula β.

Combinações   Podemos ter uma estratégia que combina as anteriores. Primeiro, encontramos as fórmulas que contêm subfórmulas de polaridade oposta no ramo. Se houver empate, selecionamos a de menor tamanho. Se ainda houver empate, selecionamos a ordem direta ou inversa (a que for mais rapidamente computável).

3.2.2 Estruturas de dados

Vamos descrever aqui as estruturas de dados para uma implementação possível do provador de teoremas. Diversas melhorias e alterações são possíveis nestas estruturas de dados para gerar provadores mais sofisticados e eficientes.

Estamos assumindo que o tableau será implementado segundo a estratégia de busca em profundidade, em que apenas um ramo do tableau é armazenado. O ramo do tableau é armazenado em um vetor de fórmulas marcadas, `ramo`. O tamanho do vetor é igual à soma dos tamanhos das fórmulas contidas no sequente de entrada. Desta forma, toda a expansão do ramo pode ser contida no vetor.

Por exemplo, suponha que queiramos demonstrar o sequente $p \to q$, $q \to r \vdash p \to r$. O tamanho máximo do vetor será de $|p \to q| + |q \to r| + |p \to r| = 3 + 3 + 3 = 9$, ilustrado abaixo.

`ramo:`

T$p \to q$	T$p \to r$	F$p \to r$						
1	2	3	4	5	6	7	8	9

Além disso, é importante registrar o tamanho atual do ramo em uma variável `TamAtual`, que no exemplo acima é dada por `TamAtual = 3`.

Uma segunda estrutura de dados trata da marcação de todas as fórmulas β ainda por expandir no ramo atual. Representamos esta estrutura como um vetor de variáveis booleanas do mesmo comprimento que o vetor que armazena o ramo. No exemplo anterior, inicialmente teríamos o vetor `betas` da seguinte maneira:

betas:

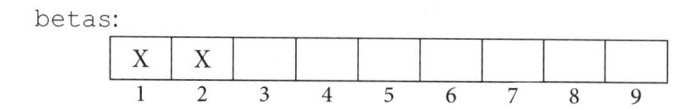

	X	X							
	1	2	3	4	5	6	7	8	9

O primeiro passo de cada iteração do Algoritmo 3.1, segundo a estratégia adotada, é a aplicação de todas as expansões-α. No exemplo, isto se aplica apenas sobre a posição 3:

ramo:

T$p \to q$	T$p \to r$	F$p \to r$	Tp	Fr				
1	2	3	4	5	6	7	8	9

com a respectiva alteração de `TamAtual = 5`.[2]

Com a saturação de todas as expansões-α, verificamos se o ramo não está fechado. Como esta verificação falha, passamos então a uma nova iteração do Algoritmo 3.1, procedendo à seleção da fórmula β sobre a qual bifurcar. Suponhamos por simplicidade que, neste exemplo, estamos realizando a bifurcação usando a estratégia ascendente, que seleciona a última fórmula marcada no vetor `betas`, ou seja, seleciona a posição 2. Neste caso, temos que β_1 = Fq e β_2 = Tr. Isto acarreta a alteração do vetor `betas` para:

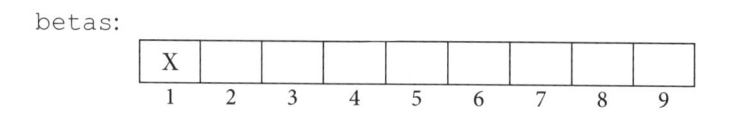

betas:

	X								
	1	2	3	4	5	6	7	8	9

O ramo será expandido com a fórmula β_1 = Fq. Porém, antes disso precisamos armazenar o ponto em que o ramo estava antes da bifurcação, de onde reiniciaremos a expansão caso o ramo atual seja fechado. Para isso, utilizamos uma pilha de entradas, chamada `PilhaDeRamos`. A entrada desta pilha é uma tripla composta dos seguintes elementos: <β_2, `TamAtual`, `betas`>. Estes dados serão desempilhados da `PilhaDeRamos` caso o ramo atual fechar. Desta forma,

---

[2] Alternativamente, poderíamos efetivamente apagar a fórmula α expandida, resultando num vetor em que `TamAtual = 4`:

ramo:

T$p \to q$	T$q \to r$	Tp	Fr					
1	2	3	4	5	6	7	8	9

No restante deste exemplo não consideraremos mais o apagamento de fórmulas-α expandidas.

a `PilhaDeRamos` do exemplo que estamos seguindo, que sempre inicia vazia, passa a ter o seguinte conteúdo:

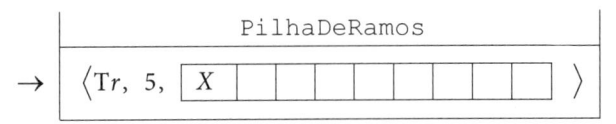

$$\rightarrow \quad \langle \text{T}r,\ 5,\ \boxed{X\ \ \ \ \ \ \ }\ \rangle \quad \text{PilhaDeRamos}$$

Neste ponto, continuamos a expansão do ramo, cuja configuração atual após a inserção de $\beta_1 = \text{F}q$ fica

ramo:

$\text{T}p \rightarrow q$	$\text{T}q \rightarrow r$	$\text{F}p \rightarrow r$	$\text{T}p$	$\text{F}r$	$\text{F}q$			
1	2	3	4	5	6	7	8	9

e `TamAtual = 6`. Procede-se à verificação do fechamento do ramo, que falha.

Na iteração seguinte não há nenhuma expansão-α possível. A seleção da expansão-β é imediata, pois só há um candidato no vetor `betas`: $\beta = \text{T}p \rightarrow q$. Neste caso, $\beta_1 = \text{F}p$ e $\beta_2 = \text{T}q$. O vetor `betas` é alterado e torna-se totalmente vazio:

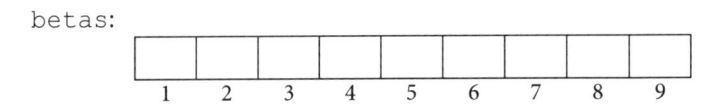

betas:

1	2	3	4	5	6	7	8	9

Antes de expandir o ramo, é necessário empilhar uma nova entrada na `PilhaDeRamos`, cuja configuração se torna:

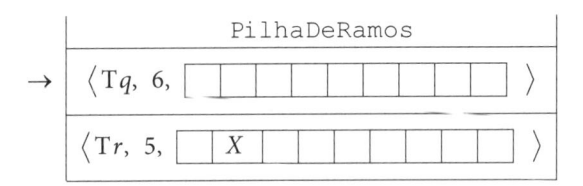

$$\rightarrow \quad \begin{array}{l} \langle \text{T}q,\ 6,\ \boxed{\ \ \ \ \ \ \ \ }\ \rangle \\ \langle \text{T}r,\ 5,\ \boxed{\ \ X\ \ \ \ \ \ }\ \rangle \end{array}$$

O ramo expandido assume a configuração

ramo:

$\text{T}p \rightarrow q$	$\text{T}q \rightarrow r$	$\text{F}p \rightarrow r$	$\text{T}p$	$\text{F}r$	$\text{F}q$	$\text{F}p$		
1	2	3	4	5	6	7	8	9

e `TamAtual` = 7. Neste caso, a verificação de fechamento do ramo sucede, devido à presença de T*p* e do recém-inserido F*p*. O fato de que apenas os nós recém-inseridos podem causar o fechamento de um ramo pode ser usado para aumentar a eficiência da verificação de fechamento.

Com o fechamento do ramo, antes de proceder à próxima iteração devemos desempilhar o topo da `PilhaDeRamos` e reconstituir o ramo. Ao desempilharmos o topo da pilha, obtemos um valor de β_2, de `TamAtual` e do vetor `betas`. Todas as posições do vetor atual além do valor `TamAtual` são apagadas, e o valor de β_2 é inserido no final do ramo. Além disso, o vetor `betas` é substituído pelo que estava na pilha. Ao processarmos estas alterações, as estruturas de dados de nosso exemplo se tornam:

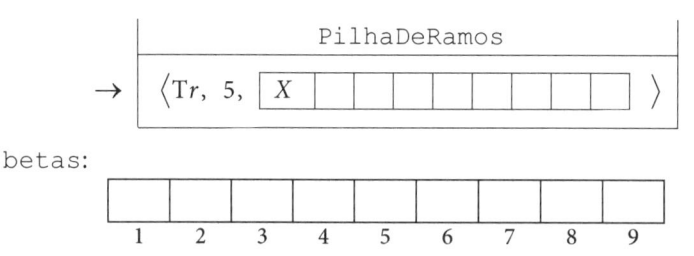

PilhaDeRamos

→ ⟨T*r*, 5, X ⟩

betas:

1	2	3	4	5	6	7	8	9

ramo:

T*p* → *q*	T*q* → *r*	F*p* → *r*	T*p*	F*r*	F*q*	T*q*		
1	2	3	4	5	6	7	8	9

e `TamAtual` = 7. Uma nova verificação de fechamento sucede, então desempilhamos a próxima posição da `PilhaDeRamos`. Ao reconstruirmos o ramo, obtemos as seguintes estruturas de dados:

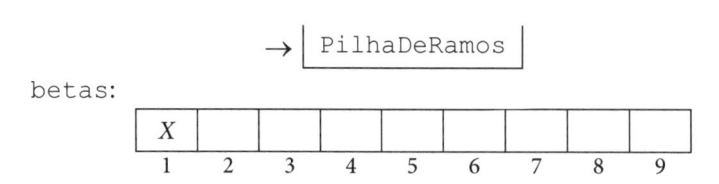

→ PilhaDeRamos

betas:

X								
1	2	3	4	5	6	7	8	9

ramo:

T*p* → *q*	T*q* → *r*	F*p* → *r*	T*p*	F*r*	T*r*			
1	2	3	4	5	6	7	8	9

e TamAtual = 6. Este ramo também está fechado, e como a PilhaDeRamos está vazia, não há como reconstruir o ramo. Isto indica que todos os ramos possíveis do tableau foram fechados, assim como o tableau. Neste ponto o algoritmo deve retornar verdadeiro, indicando que o sequente de entrada foi provado.

Uma palavra final sobre a implementação é necessária para explicar a representação de fórmulas. Uma fórmula pode ser representada como uma árvore. Por exemplo, a fórmula $\neg p \to (q \vee r)$ pode ser representada por:

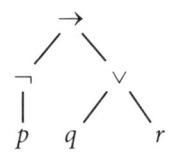

Uma fórmula marcada é um *par* <Marca, árvore-fórmula>, onde a marca pode ser desde um único bit (0 = F e 1 = T) até um caractere ou um inteiro. Esta notação facilita a aplicação de regras de expansão, pois o conectivo principal da fórmula está na raiz, e as subfórmulas em que uma fórmula se decompõe são os ramos filhos da raiz.

3.2.3 Famílias de fórmulas notáveis

Apresentaremos algumas famílias de fórmulas notáveis que servem de *benchmark* (ou seja, banco de testes) para uma eventual implementação de um provador de teoremas. Estas famílias de fórmulas têm a característica de ser todos teoremas, parametrizados, em geral por algum inteiro n, e à medida que n cresce aumenta o tamanho da prova do teorema.

Para cada fórmula destas famílias podem-se medir os seguintes parâmetros:

- O tempo que levou para o sequente ser demonstrado. Este parâmetro é dependente de máquina e da qualidade do compilador utilizado para gerar o programa; mesmo assim é um parâmetro bastante usado.
- Número de nós gerados no tableau fechado. Este é um parâmetro independente da máquina e do compilador utilizado; no entanto, esta medida não leva em consideração, por exemplo, a eficiência na detecção de um ramo fechado.

- Número de ramos no tableau fechado. Esta é a medida mais abstrata, ignorando quantos nós existem em cada ramo do tableau e se concentrando apenas na característica geradora da exponencialidade da implementação, que é o número de ramos.

Uma boa implementação é capaz de medir todos estes parâmetros.

A Família Γ_n

A primeira família que trataremos é a Γ_n, dada por:

$$\Gamma_n = \{a_i \to (a_{i+1} \vee b_{i+1}), b_i \to (a_{i+1} \vee b_{i+1}) \mid 1 \leq i \leq n\}$$

E o sequente Γ_n é dado por: $a_1 \vee b_1, \Gamma_n \vdash a_{n+1} \vee b_{n+1}$.

Por exemplo, o sequente Γ_1 é dado por

$$a_1 \vee b_1,$$
$$a_1 \to (a_2 \vee b_2), \quad \vdash a_2 \vee b_2.$$
$$b_1 \to (a_2 \vee b_2)$$

O sequente Γ_2 é dado por

$$a_1 \vee b_1,$$
$$a_1 \to (a_2 \vee b_2),$$
$$b_1 \to (a_2 \vee b_2), \quad \vdash a_3 \vee b_3.$$
$$a_2 \to (a_3 \vee b_3),$$
$$b_2 \to (a_3 \vee b_3)$$

e assim por diante. A cada incremento em n, aumenta-se duas novas cláusulas no antecedente, e o consequente é $a_{n+1} \vee b_{n+1}$.

Esta família de fórmulas possui a seguinte propriedade: Dependendo da estratégia de seleção, a prova do sequente Γ_n pode ser bem curta, de tamanho linear em n. No entanto, uma escolha errada da estratégia pode levar provas do sequente Γ_n a ter tamanho exponencial em n, um fato muito indesejável.

Fórmulas de Statman

As fórmulas de Statman têm uma característica peculiar: não possuem provas eficientes pelo método de Tableaux Analíticos, mas sim provas curtas em outros métodos, como o da Dedução Natural.

Considere variáveis proposicionais p_i e q_i, com $i \geq 1$. Para todo $i \geq 1$, definimos indutivamente:

$$\begin{aligned} A_1 &= p_1 \\ B_1 &= q_1 \\ A_{i+1} &= (p_1 \vee q_1) \wedge (p_2 \vee q_2) \wedge \ldots \wedge (p_i \vee q_i) \rightarrow p_{i+1} \\ B_{i+1} &= (p_1 \vee q_1) \wedge (p_2 \vee q_2) \wedge \ldots \wedge (p_i \vee q_i) \rightarrow q_{i+1} \end{aligned}$$

E um sequente Statman de ordem n é o sequente:

$$A_1 \vee B1, A_2 \vee B_2, \ldots, A_n \vee B_n \vdash p_n \vee q_n$$

É interessante verificar que, se alterarmos as regras β para as seguintes β'

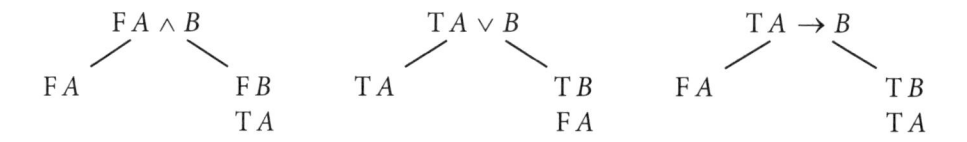

$$\begin{array}{ccc}
FA \wedge B & TA \vee B & TA \rightarrow B \\
\diagup \diagdown & \diagup \diagdown & \diagup \diagdown \\
FA \quad\quad FB & TA \quad\quad TB & FA \quad\quad TB \\
\quad\quad\quad TA & FA & TA
\end{array}$$

podemos obter provas eficientes para os sequentes da família de Statman.

O Princípio do Escaninho

O Princípio do Escaninho (em inglês, *Pigeon Hole Principle*, ou Princípio do Buraco de Pombo) diz que, se tivermos $n+1$ cartas para inserir em n escaninhos, algum escaninho receberá mais de uma carta. É curioso notar que um princípio tão simples assim pode levar a provas de complexidade tão elevada.

As fórmulas atômicas de um problema de ordem n (PHP_n) são da forma p_{ij}, indicando que a carta i é depositada no escaninho j, onde $1 \leq i \leq n+1$ e $1 \leq j \leq n$.

Um sequente PHP_n tem o formato $\Gamma_n \vdash \Delta_n$, onde

$$\Gamma_n = \bigwedge_{i=1}^{n+1} \bigvee_{j=1}^{n} p_{ij}$$

representando o fato de que cada carta é inserida em um escaninho (buraco) e a fórmula Δ_n é da forma

$$\Delta_n = \bigvee_{i=1}^{n} \bigvee_{k=i+1}^{n+1} \bigvee_{j=1}^{n} p_{ij} \wedge p_{kj}$$

representando o fato de que algum escaninho recebe mais de uma carta.

Sabe-se que existe uma forma intrincada pelo método da Axiomatização que é capaz de gerar provas de tamanho polinomial em n para o PHP_n. No entanto, nenhum dos métodos automáticos mais conhecidos na literatura é capaz de gerar provas do PHP_n que não sejam exponenciais em n, inclusive o método de Tableaux Analíticos.

Observação: Se o leitor conseguir algum método de prova genérico e computacional capaz de resolver o PHP_n em tempo polinomial, por favor entre em contato com os autores deste livro.

EXERCÍCIOS

3.1 Considere um conjunto de estratégias de seleção de regras e busca por profundidade. Reescreva um algoritmo determinístico que seja equivalente ao Algoritmo 3.1.

3.2 Alterar o algoritmo do exercício anterior, incorporando a ele a remoção do ramo de fórmulas α ou β que já foram expandidas.

3.3 Implementar um provador de teoremas pelo método de Tableaux Analíticos em sua linguagem de programação preferida.

Incentiva-se o uso de alguma linguagem orientada a objetos, como C++, Java ou Python. Neste caso, recomenda-se usar bibliotecas preexistentes na manipulação de listas, pilhas ou árvores.

Quem decidir realizar a implementação em Prolog deve usar em seu favor a estrutura de *backtracking* (retrocesso) da linguagem. Isto é capaz de gerar um provador bem enxuto e elegante.

3.4 Mostrar que as regras β' são corretas, ou seja, se forem usadas, apenas os sequentes válidos geram tableaux fechados.

Encontrar uma estratégia para tableaux que gere provas curtas (polinomiais, não exponenciais) para as fórmulas da família de Statman para os Tableaux Analíticos usando as regras β' em vez das β.

■ 3.3 Formas normais

Diversos algoritmos de manipulação de fórmulas da lógica proposicional assumem que as fórmulas estão apresentadas em um formato predefinido, chamado *forma normal*. São duas as principais formas normais: a *Forma Normal Conjuntiva* (FNC) e a *Forma Normal Disjuntiva* (FND).

3.3.1 Forma Normal Conjuntiva ou Forma Clausal

A Forma Normal Conjuntiva (FNC) também é chamada de *Forma Clausal*. É empregada no método de inferência chamado *resolução*, que serve de base à Programação Lógica e à linguagem de programação Prolog; ver Seção 3.4. A FNC também é usada como formato de entrada da maioria dos algoritmos de verificação de satisfatibilidade como os descritos na Seção 3.5.

O elemento básico na formação da FNC é o *literal*. Um literal é uma fórmula atômica p, ou a negação de uma fórmula atômica $\neg p$. No caso do literal ser da forma p, ele é chamado *positivo*, e o literal da forma $\neg p$ é chamado *negativo*.

Uma *cláusula* é a disjunção de literais

$$L_1 \vee L_2 \vee \ldots \vee L_n,$$

onde n é o tamanho da cláusula. Se $n = 1$, a cláusula é dita unitária. Se $n = 0$, a cláusula é dita *vazia*, e neste caso convenciona-se que a cláusula vazia é idêntica à constante falsa, $\bot$.

Note que uma cláusula da forma

$$\neg q_1 \vee \ldots \vee \neg q_k \vee p_1 \vee \ldots \vee p_l,$$

onde q_i, p_j são átomos, pode ser equivalentemente reescrita na forma implicativa

$$(q_1 \wedge \ldots \wedge q_k) \rightarrow (p_1 \vee \ldots \vee p_l).$$

Uma fórmula A está na *Forma Normal Conjuntiva* ou *Forma Clausal* se for uma conjunção de cláusulas,

$$A = \bigwedge_{k=1}^{m} L_1 \vee \ldots \vee L_{n_k}.$$

Por convenção, no caso de a fórmula A ser a conjunção de zero cláusulas, então $A = \top$, a constante verdadeira.

Qualquer fórmula da lógica proposicional clássica pode ser reduzida a outra fórmula equivalente que está na FNC, conforme mostra o resultado abaixo.

Teorema 3.3.1 Para toda fórmula da lógica proposicional clássica B existe uma fórmula A na FNC que é equivalente a B, $A \equiv B$.

Demonstração: A prova é obtida fornecendo-se o Algoritmo 3.2 de conversão de uma fórmula B em uma equivalente na FNC. Note que todas as transformações do algoritmo são, na realidade, equivalências notáveis listadas na Definição 1.5.1 e, portanto, a fórmula A obtida ao final de todas as substituições é equivalente à B.

No Algoritmo 3.2, a linha 2 nos garante que A não possui o símbolo $\rightarrow$. As linhas 3 e 4 nos garantem que em A a negação só pode estar aplicada aos átomos. Uma fórmula neste formato é dita na Forma Normal da Negação (FNN).

Por fim, a distributividade na linha 5 nos assegura que A possui apenas conjunções de cláusulas, e portanto A está na FNC. ∎

O Algoritmo 3.2, apesar de sempre gerar uma fórmula na FNC, pode gerar fórmulas exponencialmente maiores que a de entrada. As substituições dos passos 2, 3 e 4 não causam aumento no tamanho da fórmula. Porém, o passo 5, o da distributividade, causa a duplicação da subfórmula X, que por sua vez poderá ser do formato $(X_1 \wedge X_2)$, que poderá gerar nova duplicação. Esta duplicação, se repetida diversas vezes, pode gerar uma explosão exponencial no tamanho da fórmula.

Infelizmente, sem aumentar o número de átomos em uma fórmula, a conversão de B para a FNC sempre poderá gerar uma fórmula A equivalente a B exponencialmente maior que a fórmula original B. No entanto, se permitirmos a inserção de novos símbolos proposicionais, podemos gerar uma fórmula A equivalente a B cujo tamanho será apenas uma função linear do tamanho inicial da fórmula B. Esta nova conversão para a FNC é feita pelo Algoritmo 3.3.

Note que a única diferença entre os Algoritmos 3.3 e 3.2 está na linha 5. Na segunda versão, introduzimos um novo símbolo atômico p, ou seja, um símbolo atômico p que não ocorre na fórmula, de forma que $p \leftrightarrow (Y \wedge Z)$. A fórmula $p \leftrightarrow (Y \wedge Z)$, segundo o exemplo abaixo, quando posta na forma clausal, gera $(\neg p \vee Y) \wedge (\neg p \vee Z) \wedge (\neg Y \vee \neg Z \vee p)$. Se esta substituição for feita apenas quando X, Y e Z já estiverem no formato clausal, não gerará duplicação de fórmulas, mas apenas um aumento linear no tamanho da fórmula.

Algoritmo 3.2 Transformação na FNC sem novos átomos

Entrada: Uma fórmula B.

Saída: Uma fórmula A na FNC, $B \equiv A$.

1: **para todas** as subfórmulas X, Y, Z de B **faça**
2:    Redefinir "$\rightarrow$" em termos de "$\vee$" e "$\neg$":

$$(X \rightarrow Y) \mapsto (\neg X \vee Y)$$

3: Empurrar as negações para o interior através das Leis de De Morgan:

$$\neg(X \vee Y) \mapsto \neg X \wedge \neg Y$$
$$\neg(X \wedge Y) \mapsto \neg X \vee \neg Y$$

4: Eliminação da dupla negação:

$$\neg\neg X \mapsto X$$

5: Distributividade de $\vee$ sobre $\wedge$:

$$X \vee (Y \wedge Z) \mapsto (X \vee Y) \wedge (X \vee Z)$$

6: **fim para**
7: A fórmula A é obtida quando não há mais substituições possíveis.

Algoritmo 3.3 Transformação linear para FNC com adição de novos átomos

Entrada: Uma fórmula B.
Saída: Uma fórmula A na FNC, $B \equiv A$.

1: **para todas** as subfórmulas X, Y, Z de B **faça**
2: Redefinir "$\rightarrow$" em termos de "$\vee$" e "$\neg$":

$$(X \rightarrow Y) \mapsto (\neg X \vee Y)$$

3. Empurrar as negações para o interior através das Leis de De Morgan:

$$\neg(X \vee Y) \mapsto \neg X \wedge \neg Y$$
$$\neg(X \wedge Y) \mapsto \neg X \vee \neg Y$$

4. Eliminação da dupla negação:

$$\neg\neg X \mapsto X$$

5: Inserção de **novo** átomo p:

$$X \vee (Y \wedge Z) \mapsto (X \vee p) \wedge (\neg p \vee Y) \wedge (\neg p \vee Z) \wedge (\neg Y \vee \neg Z \vee p)$$

6: **fim para**
7: A fórmula A é obtida quando não há mais substituições possíveis.

Como exemplo, decomporemos a fórmula $p \leftrightarrow (Y \wedge Z)$ no formato clausal. Inicialmente, desmembramos o conectivo $\leftrightarrow$ em dois, gerando a fórmula

$$(p \to (Y \wedge Z)) \wedge (Y \wedge Z \to p).$$

O próximo passo é a eliminação do conectivo $\to$, obtendo

$$(\neg p \vee (Y \wedge Z)) \wedge (\neg (Y \wedge Z) \vee p).$$

Em seguida, através das leis de De Morgan, empurramos a negação adentro, obtendo

$$(\neg p \vee (Y \wedge Z)) \wedge (\neg Y \vee \neg Z \vee p).$$

O segundo elemento já está no formato clausal, e podemos nos concentrar agora no primeiro elemento. Neste caso, não há dupla negação e aplicaremos a distribuição de $\vee$ sobre $\wedge$, obtendo a fórmula final contendo três cláusulas

$$(\neg p \vee Y) \wedge (\neg p \vee Z) \wedge (\neg Y \vee \neg Z \vee p).$$

Note que as duas primeiras cláusulas correspondem a $p \to Y$ e $p \to Z$, enquanto a terceira cláusula corresponde a $Y \wedge Z \to p$.

Para satisfazer uma fórmula no formato clausal, basta satisfazer um literal em cada uma de suas cláusulas. Por outro lado, para falsificar uma fórmula no formato clausal basta falsificar todos os literais de uma única cláusula. Estes fatos tornam o formato clausal bastante útil para a representação e solução de problemas envolvendo fórmulas proposicionais. É frequente considerar uma fórmula como um *conjunto* de cláusulas, e não uma conjunção destas. Para satisfazer o conjunto C de cláusulas, é necessário satisfazer cada cláusula $c \in C$.

Existem fragmentos importantes das fórmulas em formato clausal que mencionaremos a seguir: as cláusulas de Horn e as k-cláusulas.

Cláusulas de Horn

Estas são cláusulas contendo no máximo um literal positivo. Por exemplo, a fórmula que obtivemos pela decomposição de $p \leftrightarrow (Y \wedge Z)$ no formato clausal, assumindo que Y e Z sejam fórmulas atômicas, gerou um conjunto de três cláusulas, $\neg p \vee Y$ $\neg p \vee Z$ e $\neg Y \vee \neg Z \vee p$, todas elas cláusulas de Horn com exatamente um literal positivo cada.

Em geral, as cláusulas de Horn podem ser de três tipos.

Fatos: são cláusulas unitárias, nas quais o único literal é positivo. São usadas para realizar afirmações sobre a veracidade de algum átomo.

Regras: são cláusulas da forma

$$\neg p_1 \vee \ldots \vee \neg p_n \vee q$$

ou, equivalentemente

$$p_1 \wedge \ldots \wedge p_n \to q.$$

Neste caso, q é chamado *cabeça* da regra e $p_1 \wedge \ldots \wedge p_n$ é chamado *corpo da regra*.

Fatos e regras são os componentes principais das Bases de Conhecimento, uma generalização dos bancos de dados relacionais.

Consultas ou restrições: são cláusulas de Horn sem nenhum átomo positivo, ou seja, do formato

$$\neg p_1 \vee \ldots \vee \neg p_n \ ou, equivalentemente \ \neg(p_1 \wedge \ldots \wedge p_n).$$

No caso de bases de conhecimento, as consultas à base possuem este formato, pois são computadas por refutação. Em bases de conhecimento com restrições de integridade, cláusulas sem átomos positivos indicam uma conjunção de fatores indesejável, que pode levar o sistema como um todo a um estado inconsistente.

As cláusulas de Horn possuem as seguintes propriedades, que fazem que sua manipulação seja muito mais simples do que a manipulação de cláusulas genéricas.

Lema 3.3.1 *Seja C um conjunto de cláusulas de Horn sem nenhum fato (ou seja, sem nenhuma cláusula unitária positiva). Então C é satisfazível.*

Demonstração: Basta fazer todos os átomos de C falsos. Como cada cláusula de C possui pelo menos um literal negativo, este literal estará satisfeito, e assim todas as cláusulas estão satisfeitas. ∎

Lema 3.3.2 *Seja C um conjunto de cláusulas de Horn contendo um fato p. Seja C' o conjunto de cláusulas obtidas a partir de C removendo-se $\neg p$ do corpo de todas as cláusulas. Então $C \equiv C'$.*

Demonstração: É fácil notar que $C \vDash c$ para todo $c \in C'$. Se $c \in C$, então a demonstração é trivial. Por outro lado, se $c = L_1 \vee \ldots \vee L_n$ e $A = L_1 \vee \ldots \vee L_n \vee \neg p \in C$, é imediato que $A, p \vDash c$. Logo $C \vDash C'$.

Para provar que $C' \vDash C$, seja v uma valoração tal que $v(C) = 0$. Então há uma cláusula $c \in C$ tal que $v(c) = 0$. Se $c \in C'$, é imediato que $v(C') = 0$. Caso contrário, $c \vee \neg p \in C'$; neste caso, se $v(p) = 1$, então $v(c \vee \neg p) = v(C') = 0$, e se $v(p) = 0$ temos a cláusula unitária $p \in C \cap C'$ falsificada por v. Em ambos os casos, temos que $v(C') = 0$. Então, toda valoração que falsifica C também falsifica C', o que equivale a dizer que $C' \vDash C$. ∎

A partir destas propriedades, obtemos uma forma eficiente de decidir a satisfatibilidade/insatisfatibilidade de um conjunto de cláusulas de Horn, apresentado no Algoritmo 3.4.

Se N é o número de átomos em C, o algoritmo *HornSAT* será chamado recursivamente no máximo N vezes, e portanto o método decide a satisfatibilidade de um conjunto de cláusulas de Horn em tempo linear como número de átomos. Isto é uma sensível melhora no algoritmo de Tabelas da Verdade, que pode precisar de 2^N passos.

Algoritmo 3.4 HornSAT(C)

Entrada: Um conjunto C de cláusulas.
Saída: `verdadeiro` se C é satisfazível, ou `falso` caso contrário.
  se $\bot \in C$ **então**
   retorne `falso`
  fim se
  se C não contém fatos **então**
   retorne `verdadeiro`
  fim se
  Seja $p \in C$ um fato.
  Seja C' obtida de C removendo $\neg p$ de suas cláusulas.
  /*Note que se houver uma cláusula $\neg p \in C$, ela se transformará na cláusula vazia $\bot \in C'$.*/
  retorne *HornSAT*(C')

k-Cláusulas

Um conjunto de cláusulas no qual todas as cláusulas possuem no máximo *k* literais é chamado de um conjunto de *k*-cláusulas.

Conjuntos de 1-cláusulas são triviais de se lidar. Conjuntos de 2-cláusulas são aqueles cuja satisfatibilidade pode ser decidida eficientemente, e neste caso o problema é chamado de 2SAT. O Algoritmo 3.5 apresenta uma solução do problema 2SAT. Este algoritmo tem a propriedade de, uma vez escolhida uma valoração de um átomo que não falsifica nenhuma cláusula após a propagação (simplificação) de seus efeitos, não há mais necessidade de se alterar a valoração deste átomo.

O algoritmo 2SAT utiliza uma função de simplificação apresentada no Algoritmo 3.6. Esta simplificação é conhecida como BCP (*Boolean Constraint Propagation*) e consiste na propagação de cláusulas unitárias (positivas ou negativas). Dado um conjunto C de cláusulas com uma cláusula unitária *u*, para que C seja satisfeito é necessário que *u* seja satisfeito. Portanto, podemos simplificar C de duas maneiras:

1. Eliminando de C todas as cláusulas contendo u, pois estas já estão satisfeitas.
2. Apagando $\neg u$ das demais cláusulas, pois $\neg u$ é falso.

Com isso, temos um conjunto de cláusulas menor, com pelo menos um átomo a menos. Note que esta simplificação se aplica a *qualquer* conjunto de cláusulas, não apenas a k-cláusulas.

Conjuntos de k-cláusulas com $k \geq 3$ não possuem nenhum algoritmo eficiente conhecido para decidir sua satisfatibilidade. Uma propriedade importante é que todo conjunto de k-cláusulas com $k > 3$ pode ser transformado num conjunto equivalente de 3-cláusulas através da introdução de novos átomos. Esta transformação será deixada como um exercício para o leitor.

Algoritmo 3.5 2SAT(C)

Entrada: Um conjunto C de 2-cláusulas
Saída: `verdadeiro` se C é satisfazível, ou `falso` caso contrário.

$C :=$ Simplifica(C)
enquanto $\bot \notin C$ e $C \neq \emptyset$ **faça**
  Escolha um átomo p qualquer em C
  $C' :=$ Simplifica($C \cup \{p\}$)
  se $\bot \in C'$ **então**
    $C :=$ Simplifica($C \cup \{\neg p\}$)
  se não
    $C := C'$
  fim se
fim enquanto
se $\bot \in C$ **então**
  retorne `falso`
se não
  retorne `verdadeiro`
fim se

Algoritmo 3.6 Simplifica(C)
Entrada: Um conjunto C de cláusulas (quaisquer)
Saída: Um conjunto de cláusula C', $C' \equiv C$, sem cláusulas unitárias.
$\quad C' := C$
$\quad$ **enquanto** Existe uma cláusula unitária $u \in C$ **faça**
$\quad\quad C' := C' - \{c \mid u \text{ é literal em } c\}$
$\quad\quad$ **para toda** cláusula $c = \neg u \vee c'$ **faça**
$\quad\quad\quad C' := C' \cup \{c'\} - c$
$\quad\quad$ **fim para**
$\quad$ **fim enquanto**
$\quad$ **retorne** C'

3.3.2 Forma Normal Disjuntiva

A Forma Normal Disjuntiva (FND) é muito utilizada no projeto de circuitos booleanos lógicos. Em particular, o método de Quine-McCluskey, de minimização de funções booleanas para otimização de circuitos lógicos, requer que sua entrada esteja na FND.

A FND é definida como uma disjunção de conjunções de literais:

$$\bigvee_{i=1}^{N} L_1 \wedge L_2 \wedge \ldots \wedge L_{n_i}.$$

Uma conjunção de literais da forma $L_1 \wedge L_2 \wedge \ldots \wedge L_{n_i}$ é muitas vezes chamada *cláusula dual*. É também usual representar fórmulas na FND como *polinômios*, onde a conjunção é representada pela multiplicação ($\cdot$), a disjunção pela adição (+) e a negação por uma barra sobre o átomo ($\overline{x}$).

Desta forma, a fórmula na FND $(\neg p_1 \wedge p_2) \vee (p_1 \wedge \neg p_2)$ pode ser representada pelo polinômio $\overline{x}_1 x_2 + x_1 \overline{x}_2$.

Como no caso da forma clausal, toda fórmula pode ser transformada em uma equivalente na FND. A FND pode ser obtida de forma muito similar à da FNC, conforme o Algoritmo 3.7.

Algoritmo 3.7 Transformação na FND sem novos átomos

Entrada: Uma fórmula B.
Saída: Uma fórmula A na FND, $B \equiv A$.
1: **para todas** as subfórmulas X, Y, Z de B **faça**
2: Redefinir "$\to$" em termos de "$\vee$" e "$\neg$":

$$(X \to Y) \mapsto (\neg X \vee Y)$$

3: Empurrar as negações para o interior através das Leis de De Morgan:

$$\neg(X \vee Y) \mapsto \neg X \wedge \neg Y$$
$$\neg(X \wedge Y) \mapsto \neg X \vee \neg Y$$

4: Eliminação da dupla negação:

$$\neg\neg X \mapsto X$$

5: Distributividade de $\wedge$ sobre $\vee$:

$$X \wedge (Y \vee Z) \mapsto (X \wedge Y) \vee (X \wedge Z)$$

6: **fim para**
A fórmula A é obtida quando não há mais substituições possíveis.

Note que a única diferença entre os Algoritmos 3.7 e 3.2 utilizado para transformar fórmulas no formato clausal está no passo 5, onde a distributividade de $\wedge$ sobre $\vee$ é aplicada para obter a FND. Este algoritmo não introduz novos átomos e, devido à distributividade, possui o mesmo problema do Algoritmo 3.2, ou seja, de o tamanho da fórmula produzida na FND ser exponencialmente maior que o da fórmula original. Para evitar este problema, pode-se utilizar a mesma técnica do Algoritmo 3.3 de introdução de novos átomos, que será deixada como exercício.

EXERCÍCIOS

3.5 Transformar no formato clausal, introduzindo, se necessário, novos átomos.

a) $((p \to q) \to p) \to p$

b) $\neg(p \wedge \neg p)$

c) $(p \vee q) \to \neg(q \vee r)$

3.6 Verificar qual das fórmulas acima, no formato clausal, é uma cláusula de Horn.

3.7 Apresentar uma fórmula cuja forma clausal sem adição de novos átomos seja exponencialmente maior no tamanho. Em seguida, apresente a mesma fórmula no formato clausal com adição de novos átomos.

3.8 Verificar se as fórmulas abaixo são satisfazíveis.

a) $p_1 \vee \neg p_2 \vee \neg p_3$
$p_2 \vee \neg p_4$
$p_3 \vee \neg p_4$
$1p_4 \vee \neg p_5 \vee \neg p_6$
$p_5 \vee \neg p_7$
$p_6 \vee \neg p_7$

b) $p_1 \vee \neg p_2 \vee \neg p_3$
$p_2 \vee \neg p_4$
$p_3 \vee \neg p_4$
$p_4 \vee \neg p_5 \vee \neg p_6$
$p_5 \vee \neg p_7$
$p_6 \vee \neg p_7$
$\neg p_7 \vee \neg p_1$
$p_7 \vee p_4$

3.9 Expandir a fórmula a seguir no formato em 2-cláusulas e verificar sua satisfatibilidade.

$$\left(\bigwedge_{i=1}^{3}\bigvee_{j=1}^{2}p_{ij}\right)\wedge\neg\left(\bigvee_{i=1}^{2}\bigvee_{k=i}^{3}\bigvee_{j=1}^{2}p_{ij}\wedge p_{kj}\right)$$

3.10 Dê um algoritmo que transforma uma cláusula qualquer de tamanho $k > 3$ num conjunto de 3-cláusulas, introduzindo novos átomos. Aplique o seu algoritmo na transformação da seguinte cláusula:

$$p_0 \vee \neg p_1 \vee p_2 \vee \neg p_3 \vee p_4 \neg p_5.$$

3.11 Dê um algoritmo que transforma uma fórmula qualquer na FND sem aumentar exponencialmente seu tamanho introduzindo eventualmente novos átomos.

■ 3.4 Resolução

Resolução é uma regra de inferência que requer que as fórmulas estejam no formato clausal. Neste caso, consideramos *teoria* um conjunto de cláusulas. A ordem dos literais dentro das cláusulas não é considerada importante, e, portanto, podemos reordenar as cláusulas da forma mais conveniente, sem que isso incorra em "custos" computacionais ou lógicos.

Quando queremos ressaltar a presença de um literal L em uma cláusula C, podemos escrever $C = L \vee C'$, onde C' representa os literais restantes na cláusula; esta representação também engloba o caso limite em que $C = L$, onde C' seria a cláusula vazia $\bot$. Como a ordem não é importante, podemos supor que o literal L ocorre em qualquer posição em C e, em particular, na primeira posição.

Com esta notação, podemos definir a regra auxiliar da *contração* de cláusulas como sendo

$$\frac{L \vee L \vee C}{L \vee C}\text{(Contração)}.$$

Esta regra permite inferir novas cláusulas simplesmente apagando ou *contraindo* literais que ocorram mais de uma vez na cláusula.

A *regra da resolução*, para inferências envolvendo duas cláusulas que contenham literais com átomo idêntico, porém de polaridade oposta, é dada por

$$\frac{A \vee p \quad \neg p \vee B}{A \vee B} \text{(Resolução)}.$$

As fórmulas $A \vee p$ e $\neg p \vee B$ são chamadas *resolventes*, e a fórmula inferida $A \vee B$ é chamada *resoluta*. Este passo de inferência *não* provoca a eliminação de suas premissas, ou seja, uma fórmula pode ser usada mais de uma vez como resolvente.

Para definirmos a *inferência por resolução* precisamos inicialmente de uma notação. Dada uma cláusula C, representamos por $\sim C$ a negação de C transformada no formato clausal. Ou seja, se $C = p$, $\sim C = \{\neg p\}$, e se, por exemplo, $C = \neg p \vee q \vee \neg r$, $\sim C$ é o conjunto de cláusulas unitárias $\sim C = \{p, \neg q, r\}$.

Dizemos que uma cláusula C pode ser inferida por resolução de um conjunto de cláusulas Γ, o que é representado por $\Gamma \vdash_{res} C$, se a partir do conjunto $\Gamma \cup \{\sim C\}$, por operações de resolução e contração, pudermos obter a cláusula vazia . Portanto, o método de inferência por resolução é chamado de método de inferência por refutação, pois podemos inferir C de Γ se, a partir de Γ e a negação de C, obtivermos uma inconsistência.

Como primeiro exemplo de inferência por resolução apresentamos a inferência $\vdash_{res} p \vee \neg p$. Para tanto, computamos $\sim (p \vee \neg p) = \{\neg p, p\}$ e em apenas um passo de resolução obtemos:

$$\frac{\neg p \quad p}{\bot}.$$

Como segundo exemplo, considere a inferência $p \vee s \vee r, \neg s \vee r \vdash_{res} p \vee r$. Inicialmente computamos $\sim (p \vee r) = \{\neg p, \neg r\}$, e, então, procedemos a diversos passos de resolução sobre o conjunto $\{p \vee s \vee r, \neg s \vee r, \neg p, \neg r\}$:

$$\dfrac{\dfrac{\dfrac{\dfrac{p\vee s\vee r \qquad \neg p}{s\vee r} \qquad \neg s\vee r}{r\vee r}}{r} \qquad \neg r}{\bot}.$$

O primeiro passo para a resolução entre $p\vee s\vee r$ e $\neg p$ gera $s\vee r$, que é resolvido com $s\vee r$, obtendo-se $r\vee r$. Esta fórmula é então contraída e resolvida com $\neg r$, chegando-se finalmente à contradição, $\bot$.

Por causa da sua simplicidade, o método de resolução tem sido um dos preferidos para automatização, sendo o método utilizado pela linguagem de programação em lógica Prolog e por provadores de teoremas como o OTTER. Em ambos os casos, na realidade, o método é aplicado mais genericamente à Lógica de Primeira Ordem, o que será discutido na Parte II deste livro.

No entanto, a resolução apresenta dois grandes desafios computacionais:

- A escolha dos resolventes a cada passo da resolução.
- A diminuição do espaço de busca.

A escolha dos resolventes geram distintas *estratégias computacionais*. Uma das mais usadas é tentar utilizar a *resolução unitária* o máximo possível. Resolução unitária é aquela em que ao menos um dos resolventes é uma cláusula unitária. Esta resolução tem a vantagem de sempre gerar fórmula de tamanho menor que o resolvente não unitário.

O exemplo acima da inferência de $p\vee s\vee r, \neg s\vee r \vdash_{res} p\vee r$ poderia ser realizado apenas com resoluções unitárias:

$$\dfrac{\dfrac{\dfrac{\dfrac{p\vee s\vee r \qquad \neg p}{s\vee r} \qquad \neg r}{s} \qquad \neg s\vee r}{r} \qquad \neg r}{\bot}$$

Note que a cláusula unitária $\neg r$ foi utilizada duas vezes, o que corresponde à utilização da regra da contração sobre $r\vee r$ na prova anterior. Infelizmente, nem toda inferência por resolução pode ser feita apenas com resoluções unitárias. Ver a seguir exercícios sobre isto.

Em algumas referências na literatura, a resolução unitária é descrita como uma resolução em que a cláusula unitária deve ser negativa. O método apresentado também é conhecido na literatura como *propagação unitária*, ou BCP (*Boolean Constraint Propagation*).

Outra estratégia possível é o uso de *resoluções lineares*. Em uma resolução linear, a fórmula resoluta em um passo deve ser usada como resolvente no passo seguinte, de forma que a árvore de prova é degenerada em uma linha, de forma que os ramos à direita são sempre constituídos de uma única fórmula. O exemplo anterior de resolução unitária também consiste em uma resolução linear.

O segundo desafio computacional é a diminuição do espaço de busca. O fato de uma fórmula ter sido usada como resolvente num determinado passo de resolução não descarta a possibilidade de esta fórmula ser utilizada como resolvente em algum outro passo da resolução. Como a própria fórmula resoluta também é uma candidata a resolvente, o espaço de busca de resolventes pode aumentar muito após vários passos de resolução. Além disso, muitos possíveis resolventes geram fórmulas que nunca serão utilizadas na derivação final da contradição, gerando fórmula inúteis. Faz-se necessária uma estratégia de restrição deste espaço de busca para aumentar a eficiência da resolução.

A principal estratégia utilizada é o descarte de fórmulas por *englobamento* (traduzido do inglês *subsumption*). Dadas duas cláusulas C_1 e C_2, dizemos que C_1 engloba C_2 se todos os literais que ocorrem em C_1 também ocorrem em C_2, o que é representado por $C_1 \subset C_2$.

A estratégia de diminuição do espaço de busca de resolventes diz que, se temos cláusulas C_1 e C_2 tal que $C_1 \subset C_2$, então podemos eliminar a cláusula englobada C_2. Esta estratégia é correta, pois temos que, se $C_1 \subset C_2$, então $C_1 \vDash C_2$ e, ao descartarmos C_2 não estamos perdendo nenhuma informação.

Por exemplo, se o espaço de busca contém as fórmulas $a \vee b \vee c$, $a \vee \neg p, b \vee p$, a resolução das duas últimas gera $a \vee b$, que engloba a primeira fórmula, e portanto esta fórmula será descartada, gerando o novo espaço de busca que contém apenas $a \vee b, a \vee \neg p, b \vee p$.

No caso da resolução unitária, a fórmula resoluta sempre engloba o resolvente não unitário, como pode ser visto no exemplo acima. Assim sendo, a resolução unitária descarta um resolvente em favor de um resoluto, e assim não aumenta o número de fórmulas no espaço de busca, além de diminuir o tamanho das fórmulas no espaço de busca.

> **EXERCÍCIOS**
>
> **3.12** Mostrar que o passo de resolução é correto, ou seja, mostrar para toda valoração v, se $v(A \vee p) = v(B \vee \neg p) = 1$, então necessariamente $v(A \vee B) = 1$.
>
> Analogamente, provar a correção da regra de contração.
>
> **3.13** Provar pelo método da resolução todos os axiomas da axiomatização da Seção 2.2.
>
> **3.14** Concluir, a partir dos dois exercícios anteriores, que a resolução é correta e completa em relação às funções de valoração.
>
> **3.15** Verificar quais dos sequentes abaixo podem ser resolvidos por resolução linear. Dos restantes, identificar quais podem ser resolvidos ou não por resolução.
>
> a) $\neg p \vee q, \neg q \vee s \vdash \neg p \vee s$.
>
> b) $\neg s \vee p, s \vee p, \neg s \vee r, s \vee r, \neg r \vee t \vee \neg p \vdash t$.
>
> c) $\neg p \vee q, \neg q \vee s \vdash s$.
>
> d) $\neg s \vee p, s \vee p, \neg p \vee t \vee r, \neg p \vee t \vee \neg r \vdash t$.

■ 3.5 O problema SAT

Os maiores avanços recentes na área de provadores de teoremas proposicionais não foram feitos como uma proposta de algum método de inferência, mas sim para a melhoria da eficiência de um velho algoritmo para verificar a satisfatibilidade de uma fórmula. Este é conhecido como problema SAT, o primeiro problema NP-completo da literatura.

Diversos algoritmos têm sido usados para esta tarefa, que se dividem em duas categorias. Os algoritmos *completos* são aqueles que sempre conseguem decidir corretamente se um conjunto de cláusulas é decidível ou não. Os algoritmos *incompletos* são aqueles que, se a fórmula for satisfazível, então eles sempre conseguem apresentar uma valoração; porém, se a fórmula for insatisfazível, o programa é capaz de não terminar. A vantagem dos algoritmos incompletos é que são capazes de ser muito mais rápidos que os completos.

3.5.1 O método DPLL

O algoritmo DPLL — muitas vezes chamado método Davis-Putnam — data de 1962 e vem sendo implementado com as mais diferentes heurísticas desde então, o que demonstra que este é um algoritmo que aceita muito bem novas heurísticas e já ganhou diversas competições de implementações na resolução de problemas como SAT, planejamento e outros problemas NP-completos, que podem ser traduzidos no problema SAT.

A ideia básica do algoritmo é ir construindo uma valoração para uma fórmula fornecida como um conjunto de cláusulas. Inicialmente, todos os átomos recebem a valoração "*", representando um valor indefinido. A cada iteração do algoritmo, um literal L é escolhido, e faz-se $v(L) = 1$; note que se este literal for negativo, da forma $\neg q$, isto significa fazer $v(q) = 0$. Com esta nova valoração, procede-se à simplificação da fórmula. Se esta valoração satisfizer todas as cláusulas, o que significa que a simplificação levou ao conjunto vazio de cláusulas, tem-se uma valoração que satisfaz a fórmula inicial. Se alguma cláusula for falsificada pela valoração, tem-se que a escolha altera-se para $v(L) = 0$. Se nenhuma cláusula foi falsificada, nem todas as cláusulas foram satisfeitas, procede-se à próxima escolha de literal. O processo para quando uma valoração foi encontrada, caso em que a fórmula é satisfazível, ou quando não há mais átomos para ser testados, caso em que a fórmula é insatisfazível. Este procedimento está ilustrado no Algoritmo 3.8.

Algoritmo 3.8 DPLL(F)

Entrada: Uma fórmula F na forma clausal (FNC).

Saída: `verdadeiro`, se F é satisfazível, ou `falso` caso contrário.

Fazer $v(p) = $ "*" para todo átomo p

$F' = $ Simplifica(F)

se $F' = \emptyset$ **então**
　retorne `verdadeiro`
se não, se F' contém uma cláusula vazia (falsa) **então**
　retorne `falso`
fim se

/*Escolha não determinística*/
Escolha um literal L com $v(L)$ = "*"

/*Chamadas recursivas*/
se DPLL($F' \cup \{L\}$) = verdadeiro **então**
  retorne verdadeiro
se não, se DPLL($F' \cup \{\neg L\}$) = verdadeiro **então**
  retorne verdadeiro
se não
  retorne falso
fim se

Este algoritmo também é um algoritmo não determinístico, pois não especifica qual o método para escolher o literal indefinido que será instanciado a cada passo. O Algoritmo 3.8 é apresentado de forma recursiva, pois, uma vez escolhido o literal a ser instanciado, o procedimento se autoinvoca.

O método DPLL é chamado SAT-completo, ou seja, ele sempre é capaz de decidir corretamente se um conjunto de cláusulas é satisfazível ou não.

Quando a seleção de um literal gera uma falha (ou seja, uma valoração que falsifica alguma cláusula) ocorre um *retrocesso* ou *backtracking*. Em termos de eficiência, é sempre melhor que este retrocesso ocorra quando um menor número de átomos já foi selecionado, pois isto elimina uma parte maior do espaço de busca de valorações de variáveis.

Outra observação é que o procedimento de simplificação não foi especificado. Na grande maioria dos algoritmos, este procedimento inclui a simplificação feita pela propagação do literal instanciado, o que pode ser visto como uma resolução unitária com o literal recém-instanciado, também chamada BCP (*Boolean Constraint Satisfaction*). Este algoritmo de simplificação é apresentado no Algoritmo 3.9.

Algoritmo 3.9 Simplifica(F)

Entrada: Uma fórmula F na forma clausal (FNC).
Saída: Uma fórmula na forma clausal equivalente a F, porém mais simples.
/*A simplificação ocorre enquanto F possuir uma cláusula unitária formada de apenas um literal*/
enquanto F possui alguma cláusula unitária L **faça**
    Apaga de F toda cláusula que contém L. /* Simplificação 1*/
    Apaga $\neg L$ das cláusulas restantes. /*Simplificação 2*/
fim enqunato
retorna F.

Com relação ao Algoritmo 3.9, note que um passo de simplificação pode gerar diversas outras cláusulas unitárias. Por exemplo, se tivermos as cláusulas

$$\neg x_1$$
$$x_1 \vee x_2$$
$$x_1 \vee x_3$$
$$\neg x_2 \vee \neg x_3 \vee \neg x_4 \vee \neg x_5$$
$$\neg x_1 \vee x_4,$$

a cláusula unitária inicial permite o processo de simplificação. Pela simplificação 1, a primeira e a última cláusulas serão apagadas, e pela simplificação 2, x_1 será apagado da segunda e terceira cláusulas, gerando

$$x_2$$
$$x_3$$
$$\neg x_2 \vee \neg x_3 \vee \neg x_4 \vee \neg x_5,$$

onde temos duas novas cláusulas unitárias. Se escolhermos x_2 primeiro (a ordem é irrelevante neste caso, apesar de o programa ser, em tese, não determinístico) obtemos

$$x_3$$
$$\neg x_3 \vee \neg x_4 \vee \neg x_5,$$

e, por fim, a forma simplificada

$$\neg x_4 \vee \neg x_5.$$

Além desta simplificação, algumas outras podem ser usadas:

- *Eliminação de Literais Puros*: Um literal é dito puro se ocorre em todas as cláusulas sempre na mesma polaridade. Neste caso, basta fazer este literal verdadeiro e apagar todas as cláusulas que o contêm.

- *Resolução de Literais Simples*: Um literal é simples se ocorre na forma positiva ou negativa em uma única cláusula. Neste caso, o literal é eliminado, resolvendo-se todas as cláusulas que o contêm. Note que isso não aumenta o número de cláusulas, mas diminui o número de átomos, e, portanto, a complexidade do problema.

Estas simplificações não são aplicadas, em geral, a cada iteração do algoritmo resolvedor de SAT, mas algumas implementações as aplicam apenas na simplificação inicial do problema.

Diversas heurísticas (ou estratégias) são aplicadas para selecionar o literal que será instanciado em um passo do algoritmo DPLL. A seguir apresentamos algumas:

- **Heurística MOM** — **M**áximo número de **O**corrências de **M**ínimo comprimento. Esta heurística é de fácil implementação. A ideia básica do seu objetivo é selecionar o literal que apresente o maior número de ocorrências em cláusulas de tamanho mínimo e, com isso, aumentar a probabilidade de se detectar uma cláusula falsificável com antecedência. As cláusulas de tamanho mínimo têm, pelo menos, tamanho dois, pois as cláusulas unitárias são eliminadas pela simplificação.

- **Heurística SATO** É uma variação da heurística MOM. Neste caso, seja $f(p)$ o número de cláusulas de tamanho mínimo que contêm p mais 1. A heurística calcula para todos os átomos o valor de $f(p)*f(\neg p)$ e escolhe o átomo p que maximiza este produto. Por fim, a decisão sobre se fazer p verdadeiro ou falso primeiro é tomada com base no maior valor, respectivamente, de $f(p)$ ou $f(\neg p)$.

Para melhorar a eficiência da decisão do literal selecionado, algumas implementações não consideram o produto $f(p)*f(\neg p)$ em todas as cláusulas de tamanho mínimo, mas apenas uma fração destas.

- **Desempate por simulação**. No caso de uma das heurísticas acima gerar mais de um literal candidato para seleção, uma possibilidade é simular a aplicação da simplificação em cada uma delas e selecionar o literal L que causa, através da propagação unitária e simplificação, o maior número de cláusulas unitárias.

3.5.2 Aprendizado de novas cláusulas

Os sábios aprendem com as escolhas malfeitas.

Toda vez que derivamos uma contradição, ou seja, que um ramo da busca DPLL leva à falsificação de uma cláusula, podemos lamentar a escolha dos literais que nos levaram a este beco sem saída.

Alternativamente, podemos aprender com nossos erros. Em particular, aprendemos que os literais escolhidos levam à contradição e que as cláusulas envolvidas contêm informação relevante para evitar a repetição das más escolhas.

Podemos adicionar esta informação aprendida ao problema. No contexto do algoritmo DPLL, *aprender significa adicionar novas cláusulas ao problema* sem aumentar o número de átomos.

O objetivo do aprendizado é melhorar a eficiência da prova encolhendo o espaço de busca. Este encolhimento é decorrente da adição de cláusulas novas que proíbem a repetição de más escolhas. Cada vez que derivamos uma contradição podemos aprender uma ou mais cláusulas. Veremos a seguir dois métodos complementares de aprendizado de novas cláusulas.

Aprendendo com as más escolhas

O método DPLL pode ser visto como a tentativa de construir uma valoração que satisfaça um conjunto de cláusulas. Neste processo, a cada momento temos uma *valoração parcial*, V, que inicialmente é vazia. Esta valoração parcial é expandida de duas maneiras: através das escolhas de literais e da propagação de cláusulas unitárias. Por outro lado, quando uma contradição é encontrada, a valoração parcial é contraída.

Por exemplo, suponha que iniciamos com a valoração parcial

$$V = \emptyset.$$

No primeiro passo da escolha, escolhemos o literal a_1:

$$V = \{\mathbf{a_1}\}$$

e por propagação unitária obtemos $a_2, \ldots, a_{k_a}$:

$$V = \{\mathbf{a_1}, a_2, \ldots, a_{k_a}\}.$$

Supondo que V não seja contraditório, ou seja, não contenha dois literais opostos, continuamos o processo com uma nova escolha, o literal b_1, um novo ciclo de propagação unitária que expande V com $b_2, \ldots, b_{k_b}$

$$V = \{\mathbf{a_1}, a_2, \ldots, a_{k_a}, \mathbf{b_1}, b_2, \ldots, b_{k_b}\}.$$

Supondo agora que V neste ponto falsifica uma cláusula — o que é equivalente a termos em V dois literais opostos, x e $\neg x$ —, desfazemos todos os efeitos da propagação e invertemos a última escolha, no caso, a do literal b_1

$$V = \{\mathbf{a_1}, a_2, \ldots, a_{k_a}, \sim b_1\};$$

note que $\sim b_1$ não aparece em negrito na valoração parcial V, pois o negrito destina-se a literais escolhidos, e neste caso $\sim b_1$ não é uma escolha, mas é a única opção que nos restou nesta valoração parcial, uma vez que sabemos que b_1 leva a uma contradição.

Neste contexto, a derivação da contradição nos ensina que as escolhas simultâneas de a_1 e b_1 não são possíveis, o que pode ser codificado na fórmula $\neg(a_1 \wedge b_1)$, que corresponde à adição da cláusula

$$\sim a_1 \vee \sim b_1$$

Vamos ilustrar o processo de aprendizado com um exemplo mais concreto. Suponha que temos o seguinte conjunto de cláusulas:

$$p \vee q$$
$$p \vee \neg q$$
$$\neg p \vee t \vee s$$
$$\neg p \vee \neg t \vee s$$
$$\neg p \vee \neg s$$

e a valoração parcial

$$V = \{\neg \mathbf{t}, \mathbf{p}\}$$

que por propagação unitária gera

$$V = \{\neg \mathbf{t}, \mathbf{p}, \underline{\neg s}, s\}$$

que é uma valoração contraditória que falsifica a terceira e a quinta cláusulas. Neste caso, vemos que a opção simultânea de $\neg t$ e p não é possível, ou seja, aprendemos a cláusula

$$t \vee \neg p,$$

que será adicionada ao conjunto de cláusulas. Neste método de aprendizado, apenas os literais escolhidos, que estão representados pelo negrito na representação da valoração parcial, é que são usados no aprendizado, uma vez que os outros literais foram inferidos a partir destes.

Em geral, este tipo de aprendizado *não* melhora muito a eficiência do resolvedor SAT pois, no caso de termos k literais para escolha na valoração parcial, a clausal aprendida só será usada se $k-1$ literais aparecerem em outro ramo da busca do DPLL, o que é uma situação pouco provável na prática. Este tipo de aprendizado possui utilidade apenas em casos de *reinícios aleatórios*, descritos adiante. Outras técnicas de aprendizado mais úteis podem ser empregadas.

Aprendendo por inferência

Cláusulas envolvidas numa contradição trazem informação relevante que pode ser aprendida. Em particular, as cláusulas responsáveis pelo fechamento do ramo podem ser *resolvidas*. Neste caso, aprendemos (e adicionamos à fórmula) a cláusula resultante da *resolução* de duas outras. Para isso, devemos armazenar novas informações na valoração parcial:

- Para cada literal obtido por propagação unitária, qual cláusula deu origem ao literal
- Literais de escolha são associados a $\top$

No mesmo exemplo anterior, as escolhas são representadas por:

$$V = \{(\neg \mathbf{t}, \top),(\mathbf{p}, \top)\}.$$

Após a propagação linear que gerou a contradição, temos

$$V = \{(\neg \mathbf{t}, \top),(\mathbf{p}, \top),(\neg s, \neg p \vee \neg s),(s, \neg p \vee t \vee s)\}.$$

Aprendemos a resolução das cláusulas associadas à contradição: $\neg p \vee \neg s$ e $\neg p \vee t \vee s$. Ou seja, adicionamos a seguinte cláusula à fórmula:

$$\neg p \vee t$$

que neste exemplo em particular gerou a mesma cláusula aprendida pelo método anterior. No entanto, isto nem sempre acontece. Este tipo de aprendizado por inferência, na prática, traz efeitos mais positivos sobre a eficiência, é o método de aprendizado que assumimos que estará sendo usado.

Podem-se aprender outras fórmulas, resultantes de outras resoluções, nem sempre com ganhos de eficiência.

3.5.3 O Método Chaff

O método chamado Chaff trouxe diversas performances ao método DPLL. Existe uma implementação do Chaff livre na internet, chamada zChaff, que ganhou diversos concursos de resolvedores SAT e também pode ser adaptada a outros ambientes, como o de planejamento. Este sistema também venceu várias competições de planejamento e Inteligência Artificial.

Chaff é uma extensão do DPLL que utiliza aprendizado, e sua boa performance é devida aos seguintes elementos:

- literais vigiados;
- retrossaltos (*backjumping*);
- reinícios aleatórios;
- heurística para lidar com aprendizado.

Analisaremos a seguir cada um destes métodos.

Literais vigiados

No Método Chaff, a parte principal do ganho de performance não está baseada em algoritmos sofisticados para redução do espaço de busca, mas sim em um desenho bastante eficiente das etapas cruciais do método DPLL: a propagação das cláusulas unitárias (também antes chamada *simplificação* ou simplesmente *propagação unitária*). Experimentos mostram que mais de 80% do tempo de execução de um método DPLL é destinado à propagação de cláusulas unitárias, e é nesta fase crítica que se deve investir os esforços de otimização.

A técnica dos literais vigiados tem como propriedades:

- Acelerar a propagação unitária
- Não há necessidade de apagar literais ou cláusulas
- Não há necessidade de vigiar todos os literais numa cláusula
- Retrocesso em tempo constante (muito rápido)

A lógica subjacente ao DPLL tem três valores verdade. Dada a valoração parcial

$$V = \{\lambda_1, \ldots, \lambda_k\}$$

seja λ um literal qualquer. Então

$$V(\lambda) = \begin{cases} 1(\text{verdade}) & \text{se } \lambda \in V \\ 0(\text{falso}) & \text{se } \overline{\lambda} \in V \\ (\text{indefinido}) & \text{caso contrário} \end{cases}$$

Os literais vigiados são uma estrutura de dados tal que:

- A cada instante, toda cláusula c tem exatamente dois literais selecionados: $\lambda_{c1}, \lambda_{c2}$
- $\lambda_{c1}, \lambda_{c2}$ são escolhidos dinamicamente e mudam com o tempo
- $\lambda_{c1}, \lambda_{c2}$ são *propriamente vigiados* sob a valoração parcial V se:
  - ambos são indefinidos; ou
  - ao menos um deles é 1

O comportamento dos literais vigiados é dinâmico. Inicialmente, $V = \emptyset$. Um par de literais vigiados é escolhido para cada cláusula. Esta escolha é sempre própria, pois todos os literais assim escolhidos são indefinidos.

Durante o processo normal do DPLL há escolha de literais e propagação unitária, o que expande a valoração parcial V. Quando esta expansão ocorre, um ou ambos os literais vigiados podem ser falsificados. Se o par de literais vigiados de uma cláusula $\langle \lambda_{c1}, \lambda_{c2} \rangle$ torna-se impróprio, então o algoritmo de manutenção dos literais vigiados é acionado da seguinte maneira:

Se há um ou mais literais vigiados falsificados troca-se o par de literais vigiados, buscando entre outros literais da cláusula um outro par que restabeleça a vigia própria. Se nenhum par de literais vigiados próprios pode ser encontrado, então não há literais satisfeitos na cláusula, e duas situações podem ocorrer:

- Há um único literal indefinido na cláusula. Neste caso, fazemos este literal verdadeiro, e a valoração parcial V é expandida. Esta é a versão da propagação unitária com literais vigiados
- Todos os literais foram falsificados. Neste caso, procedemos ao retrocesso, que consiste unicamente na alteração de V, ou seja, apagamos as últimas propagações unitárias até encontrarmos em V um literal de escolha e invertemos esta escolha. Em seguida, continuamos com o DPLL normal, com novas propagações lineares e novas escolhas.

Note que, no procedimento de retrocesso acima, apenas os literais que estão vigiados e cujos valores foram alterados na contração de V é que são recomputados. As cláusulas não são alteradas com apagamentos na propagação unitária, e portanto não necessitam ser recompostas no retrocesso.

Vamos dar um exemplo. Considere que temos, dentre o conjunto de cláusulas a serem resolvidas, as cláusulas a seguir. Inicialmente, escolhemos os dois primeiros literais para serem vigiados.

Aspectos computacionais | 103

cláusula	λ_{c1}	λ_{c2}
$p \vee q \vee r$	$p = *$	$q = *$
$p \vee \neg q \vee s$	$p = *$	$\bar{q} = *$
$p \vee r \vee \neg s$	$p = *$	$r = *$

Como todos os literais são indefinidos, todas as vigias são próprias.

Suponha que o literal $\neg p$ seja escolhido, de forma que $V = \{\neg \mathbf{p}\}$. Todos os pares de literais vigiados ficam $(0, *)$, impróprios. Então, novos literais são eleitos para ser vigiados em cada uma das cláusulas impropriamente vigiadas, conforme a configuração abaixo.

cláusula	λ_{c1}	λ_{c2}
$p \vee q \vee r$	$r = *$	$q = *$
$p \vee \neg q \vee s$	$s = *$	$\neg q = *$
$p \vee \neg r \vee \neg s$	$\neg s = *$	$r = *$

O algoritmo DPLL procede normalmente. Como não há propagações unitárias, uma nova escolha é feita.

Suponha que $\neg r$ é escolhido, obtendo $V = \{\neg \mathbf{p}, \neg \mathbf{r}\}$. Assim, os literais vigiados na primeira e terceira cláusulas ficam impróprios. Em ambas as cláusulas não há nenhum outro literal $*$-valorado ou 1-valorado para ser escolhido. Procedemos então à propagação unitária.

Pela cláusula 1, q torna-se verdadeiro, e pela cláusula 3 $\neg s$ torna-se verdadeiro. Desta forma, obtemos a valoração $V = \{\neg \mathbf{p}, \neg \mathbf{r}, q, \neg s\}$ e a configuração:

cláusula	λ_{c1}	λ_{c2}
$p \vee q \vee r$	$r = 0$	$q = 1$
$p \vee \neg q \vee s$	$s = *$	$\neg q = *$
$p \vee \neg r \vee \neg s$	$\neg s = 1$	$r = 0$

Procedendo ao algoritmo DPLL, devemos continuar com a propagação unitária dos literais recém-inseridos em V. Com isso, os literais vigiados da cláusula 2 tornam-se impróprios.

Notamos que todos os literais da cláusula 2 estão falsificados, e portanto não há nenhum outro par de literais nessa cláusula que constitua a vigia própria.

cláusula	λ_{c1}	λ_{c2}
$p \vee q \vee r$	$r = 0$	$q = 1$
$p \vee \neg q \vee s$	$s = 0$	$\neg q = 0$
$p \vee r \vee \neg s$	$\neg s = 1$	$r = 0$

Procedemos então a um retrocesso rápido. V é contraída até o último ponto de escolha, que é invertida: $V = \{\neg \mathbf{p}, r\}$. Apenas os literais vigiados afetados são recomputados. Não há necessidade de recuperar o contexto prévio de uma pilha de contextos.

cláusula	λ_{c1}	λ_{c2}
$p \vee q \vee r$	$r = 1$	$q = *$
$p \vee \neg q \vee s$	$s = *$	$\neg q = *$
$p \vee r \vee \neg s$	$\neg s = *$	$r = 1$

Este tipo de retrocesso é extremamente rápido em comparação com o método tradicional. O algoritmo DPLL procede a partir deste ponto.

Retrossaltos

Retrossaltos (em inglês, *backjumping*) é uma técnica que evita a duplicação de esforços causada pela má escolha de um literal que acaba não tendo nenhum papel no fechamento de um ramo, ou seja, na descoberta de uma contradição. Vamos explicar a técnica do retrossalto através de um exemplo.

Suponha que temos a seguinte valoração parcial, em que cada literal está associado à cláusula que lhe deu origem; os literais de escolha estão associados a $\top$.

$$V = \{(\neg \mathbf{p}, \top), (\neg \mathbf{r}, \top), (\mathbf{a}, \top), (q, p \vee q \vee r), (\neg s, p \vee r \vee \neg s), (s, p \vee \neg q \vee s)\}.$$

Claramente, esta valoração contém uma contradição. Note também que o literal escolhido $\mathbf{a}$ não ocorre nas cláusulas associadas às propagações unitárias subsequentes. Isto que dizer: a escolha de $\mathbf{a}$ é inútil.

Se realizarmos o retrocesso seguido da substituição de a por seu oposto, este retrocesso geraria uma repetição inútil:

$$V = \{(\neg \mathbf{p}, \top), (\neg \mathbf{r}, \top), (\neg \mathbf{a}, \top), (q, p \vee q \vee r), (\neg s, p \vee r \vee \neg s), (s, p \vee \neg q \vee s)\}.$$

Neste caso, o processo de retrocesso pode "saltar" sobre **a** e ignorá-lo, em vez de gerar $V = \{(\neg\mathbf{p},\top),(\neg\mathbf{r},\top),(\neg\mathbf{a},\top)\}$, gera

$$V = \{(\neg p, T),(r, T)\}.$$

Isto é o retrossalto. Retrossaltos, quando efetuados, trazem sempre ganhos de eficiência.

Reinícios aleatórios

Considere o seguinte cenário, de alta probabilidade durante a execução do DPLL. A fórmula é satisfazível, porém as escolhas iniciais foram malfeitas. Suponha que temos 1.000 variáveis na fórmula e as valorações que satisfazem esta fórmula todas requerem que $V(p_1) = 0$. No entanto, uma das primeiras escolhas da valoração parcial foi p_1 verdadeiro.

Neste caso, só acharemos uma valoração que satisfaz a fórmula depois de esgotar todas as possibilidades da má escolha inicial, o que pode equivaler à construção de uma árvore com 2^{999} ramos.

Para evitar tais casos, surgiu a ideia de reiniciar periodicamente a busca da valoração. O mecanismo é o seguinte: com o passar do processamento DPLL de uma dada fórmula, vamos aprendendo diversas cláusulas que não estavam disponíveis quando a má escolha inicial foi feita. Se fosse dado realizar a escolha inicial neste novo contexto, o literal escolhido seria outro, ou seria o mesmo, só que com polaridade oposta.

Pare implementar este reinício, o sistema contém como parâmetro uma probabilidade de reinício ε bem pequena (digamos, $\varepsilon = 0,5\%$). Cada vez que uma contradição é encontrada, uma ou mais cláusulas são aprendidas. Em seguida, com probabilidade $(1-\varepsilon)$, ocorre o processo normal de retrocesso. Porém, com probabilidade ε, a busca pode ser reiniciada com $V = \emptyset$.

Este reinício aleatório pode trazer problemas de eficiência se a fórmula for insatisfazível. Tal problema, porém, não ocorre se as fórmulas aprendidas forem mantidas ao se reiniciar. Ou seja, medidas empíricas garantem que os reinícios aleatórios trazem ganho de eficiência.

Heurística VSIDS

A heurística de seleção de literais do Chaff é chamada de VSIDS (do inglês, *Variable State Independent Decaying Sum*). Este método leva em consideração que novas cláusulas são aprendidas ao longo do processo e usa esta informação para privilegiar a escolha de literais em cláusulas recém-aprendidas:

- Para cada variável proposicional e para cada uma de suas polaridades é atribuído um contador, inicializado com zero.
- Ao se adicionar uma cláusula ao problema (seja na inicialização, seja uma nova cláusula aprendida), é incrementado o contador de cada um dos literais da cláusula.
- Os literais com o maior contador são os candidatos à seleção.
- Caso haja mais de um literal candidato, escolhe-se aleatoriamente entre eles.
- Periodicamente, todos os contadores são divididos por uma constante. Desta forma, os literais pertencentes às cláusulas incluídas mais recentemente acabam tendo maior prioridade.

Desta forma, este Chaff privilegia a satisfação das últimas cláusulas aprendidas. Outro aspecto importante é que esta heurística gera uma sobrecarga pequena no processo de decisão, visto que os contadores só são atualizados em caso de *backtracking*.

3.5.4 O método incompleto GSAT

GSAT foi o primeiro dos métodos incompletos propostos para a resolução de problemas SAT e baseia-se em processos probabilísticos sobre uma busca local. No caso do GSAT, as valorações consideram apenas os valores 1 (`verdadeiro`) e 0 (`falso`), não havendo mais átomos indefinidos.

Duas valorações são *vizinhas* se diferem no valor atribuído a apenas um átomo. A ideia básica do método é, partindo-se de uma valoração inicial aleatória, a cada iteração o método visita uma valoração vizinha que satisfaz um número de cláusula maior que a valoração atual. São duas as condições de parada deste processo:

- Todas as cláusulas estão satisfeitas, em cujo caso retorna-se à valoração atual.
- Atingir o número máximo de iterações (MAXITER). Neste caso, seleciona-se uma nova valoração inicial e reinicia-se a busca local.

Uma descrição do GSAT pode ser encontrada no Algoritmo 3.10. Nele, vemos que o processo pode ser reiniciado até um número de tentativas MAX-TENTATIVAS. Após este valor ter sido ultrapassado, o algoritmo simplesmente desiste, indicando que a valoração não foi encontrada. Isto pode indicar que a valoração não existe, no caso de a fórmula ser insatisfazível, ou que a valoração não foi encontrada. O GSAT não distingue entre estes dois casos.

Algoritmo 3.10 GSAT(F)

Entrada: Uma fórmula F na forma clausal (FNC), inteiros MAXITER e MAXTENTATIVAS.
Saída: Uma valoração v que satisfaz F, se encontrada.
para i := 1 **até** MAXTENTATIVAS **faça**
  $v :=$ uma valoração aleatória
  para j := 1 **até** MAXITER **faça**
   se v satisfaz F **então**
    retorne v
   fim se
   Seja v' o vizinho de v com maior incremento no número de cláusulas satisfeitas.
   $v := v'$
  fim para
fim para
retorna "Valoração não encontrada"

Em cada tentativa, a partir da valoração inicial, GSAT analisa todas as valorações vizinhas. De uma forma *gulosa*, o GSAT busca a melhor valoração vizinha a cada iteração. No momento de escolher a valoração vizinha, existem três possíveis situações:

- Existem valorações que incrementam o número de fórmulas satisfeitas. Neste caso, a visita a novos vizinhos procede normalmente.
- Todas as valorações vizinhas satisfazem um número menor de cláusulas. Isto indica que foi atingido um máximo local. A solução neste caso é iniciar uma nova tentativa com uma nova valoração inicial aleatória.
- As valorações vizinhas levam, no máximo, à manutenção no total de cláusulas satisfeitas. Esta situação é denominada *movimento lateral*.

No caso da movimentação lateral, utiliza-se uma *busca tabu*. Nesta, memoriza-se quais as variáveis que foram invertidas ao longo de uma sequência de deslocamentos laterais entre vizinhos, impedindo que uma mesma variável seja invertida duas vezes. Se, ao longo deste processo, for encontrada uma valoração que aumenta o número de cláusulas satisfeitas, interrompe-se a busca tabu e retorna-se à busca gulosa normal. Se a busca tabu ficar sem opções, inicia-se uma nova tentativa com uma nova valoração inicial aleatória.

3.5.5 O fenômeno de mudança de fase

Considere um problema 3-SAT, ou seja, um conjunto de cláusulas, cada uma com 3 literais. São dois os parâmetros do problema 3-SAT: o número N de átomos e o número L de cláusulas. Em geral, os problemas 3-SAT são gerados aleatoriamente dados N e L.

Com N fixo, se tivermos um número de cláusula L pequeno, a tendência é que a fórmula seja satisfazível, pois o número de restrições sobre os átomos é pequeno. Desta forma, espera-se que a maioria dos problemas gerados para L/N pequeno seja satisfazível.

Por outro lado, se for gerado um número L de cláusulas muito grande, a tendência é que a fórmula seja insatisfazível, visto que é grande a possibilidade de conflito entre as diversas restrições. Desta forma, espera-se que a maioria dos problemas gerados para L/N grande sejam insatisfazíveis.

Existe, no entanto, um valor de L/N para o qual 50% das fórmulas geradas aleatoriamente são satisfazíveis e 50% insatisfazíveis. Este valor de L/N é chamado *ponto de mudança de fase*. Como é necessária a detecção de fórmulas insatisfazíveis, apenas localizamos o ponto de mudança de fase para algoritmos completos SAT-solucionadores.

Este ponto de mudança de fase existe independentemente do método utilizado para a resolução do problema SAT. Além disso, duas propriedades do ponto de mudança de fases são notadas na prática:

- O valor L/N do ponto de mudança de fase é independente de N e do algoritmo usado.
- O tempo médio de solução do problema é mais alto nas vizinhanças do ponto de mudança de fase.

Nunca se provou que o ponto de mudança de fase deve existir e ter estas propriedades. Estas observações são todas de caráter empírico. Pode ser que surja um novo algoritmo SAT que viole estas propriedades.

No caso de problemas 3-SAT, a experiência mostra que o ponto de mudança de fase ocorre para $L/N = 4,3$. Este número é obtenível com mais estabilidade para $n > 100$.

EXERCÍCIOS

3.16 Reescrever o algoritmo de DPLL utilizando iterações em vez de chamadas recursivas.

3.17 Implementar uma versão do algoritmo de DPLL na sua linguagem favorita e verificar o ponto de mudança de fase para o problema 3-SAT.

3.18 Neste exercício exploramos os algoritmos conhecidos na literatura pelos nomes WalkSAT e GSAT. O Algoritmo WalkSAT é uma variação do GSAT em que, com probabilidade ε, em vez de escolher a melhor valoração vizinha, uma qualquer é escolhida; portanto, com probabilidade $(1-\varepsilon)$, o procedimento WalkSAT é igual ao procedimento SAT. Escreva o algoritmo do WalkSAT.

3.19 Implementar um resolvedor SAT (ou usar um disponível na internet) e descobrir qual o ponto de mudança de fase para o problema 4-SAT, ou seja, para o problema da satisfazibilidade de cláusulas com 4 literais.

■ 3.6 Notas bibliográficas

Os tableaux cuja implementação discutimos foram propostos originalmente por Smullyan em 1968 (Smullyan, 1968). Naquela época ainda não havia computadores disponíveis para pesquisadores ou alunos. O tema de tableaux semânticos tornou-se popular entre os estudantes de computação a partir da publicação do livro de Melvin Fitting (Fitting, 1990). Desde então, diversas implementações foram propostas para tableaux semânticos, incluindo uma versão em Java livremente disponível na internet (jTAP, 1999) e uma implementação extremamente diminuta, chamada de *leanTAP*, que provavelmente é o menor provador de teoremas existentes (Beckert e Posegga. 1995). Uma referência sobre o estado da arte em tableaux e suas aplicações pode ser encontrada em Posegga e Schmitt, 1999.

Uma série de fórmulas válidas de dificuldade de prova crescente aparece listada em Carbone e Semmes, 2000. As fórmulas de Statman foram definidas inicialmente em Statman, 1978, e uma prova de tamanho polinomial para o Princípio do Escaninho através do uso de axiomatização foi apresentada por Buss (Buss, 1987).

O método de resolução para a prova automática de teoremas foi proposto por Robinson (Robinson, 1965) e se aplicava à lógica de primeira ordem. Neste livro, abordamos apenas a parte proposicional, apesar de este ser um dos métodos de dedução automática mais utilizados na prática para a Programação em Lógica (Lloyd, 1987) e na linguagem Prolog (Sterling e Shapiro, 1994).

A literatura sobre o problema SAT é imensa. A prova de que HornSAT é linear pode ser encontrada em Dowling e Gallier, 1984 e o algoritmo log-espaço--completo para o 2SAT foi proposto por Even, Itai e Shamir em Even, Itay e Shamir, 1976. O artigo inicial de Davis e Putnam sobre satisfazibilidade foi publicado em Davis e Putnam, 1960, porém o algoritmo conhecido como o "procedimento de Davis-Putnam" foi originalmente publicado em Davis, Logemann e Loveland, 1962, o que explica por que este método é muitas vezes chamado de DLL ou DPL ou DPLL. O método BCP usado na simplificação das cláusulas foi proposto por McAllester (McAllester, 1990) como um método empregado em seus Sistemas Mantenedores de Verdade (TMS: *truth maintenance systems*) (Doyle, 1979). O fenômeno de mudança de fase na solução do problema SAT foi apresentado por (Gent e Walsh, 1994). O método Chaff pode ser encontrado em Moske Wicz et al., 2001 e uma implementação do Chaff conhecida como zChaff pode ser obtida em: <http://www.princeton.edu/chaff/zchaff.html>.

Parte 2

Lógica de predicados

Capítulo 4

Lógica de predicados monádicos

■ 4.1 Introdução

Conforme visto nos capítulos anteriores, a lógica proposicional permite caracterizar de forma rigorosa e precisa *relacionamentos entre proposições*. Os relacionamentos são caracterizados com base nos *conectivos* da lógica, e as relações entre os conectivos (e consequentemente entre as proposições) são caracterizadas com base em um *sistema dedutivo*.

Todos os relacionamentos (tanto os caracterizados pelos conectivos como aqueles pelo sistema dedutivo) são justificados pela *semântica* da linguagem. Quando um sistema lógico é *correto* e *completo* com relação a uma semântica, existe uma vinculação entre o que se observa na semântica e o que pode ser deduzido pela lógica. Neste caso, o sistema lógico pode ser usado para inferir fatos que dizem respeito a, por exemplo, um sistema (físico ou abstrato) correspondente à sua semântica: se quisermos raciocinar a respeito de máquinas em uma fábrica, e se aceitarmos uma idealização das máquinas que corresponda à semântica vista nos capítulos anteriores da lógica proposicional, então poderemos usar a lógica para inferir fatos a respeito das máquinas.

A partir deste capítulo, consideramos extensões da lógica proposicional visando torná-la mais expressiva. O objetivo é ampliar as oportunidades de aplicação da lógica para inferir fatos a respeito dos sistemas que correspondam à sua semântica, mas para isso será pago o preço de aumentar consideravelmente a complexidade da lógica.

Consideremos, por exemplo, as seguintes sentenças proposicionais:

- $e_1 \to s_1$
- $e_2 \to s_2$
- $e_3 \to s_3$

Intuitivamente, consideremos que os índices de valor 1 indiquem o Marcelo; os índices de valor 2 indiquem a Ana Cristina; e os índices de valor 3 indiquem o Flávio. As proposições e_i denotam que "o indivíduo i pratica esportes", e as proposições s_i que "o indivíduo i tem boa saúde".

Se os únicos indivíduos em nosso domínio de interesse forem esses três, então não existe necessidade de se estender a lógica. Se quisermos, entretanto, considerar um domínio maior, as coisas podem mudar de figura. Como poderíamos, por exemplo, escrever que qualquer pessoa que pratica esportes tem boa saúde? Precisaríamos escrever algo como:

- $e_i \to s_i$, para qualquer valor de i pertencente ao conjunto $I = \{1,2,3,...\}$.

Isto, entretanto, não pertence à linguagem proposicional vista anteriormente. A novidade é que as proposições representam agora propriedades relativas aos indivíduos correspondentes aos índices pertencentes a I. O nome usualmente adotado para essas propriedades é *predicados*, e por este motivo a lógica proposicional assim estendida é chamada *lógica de predicados*.

Neste capítulo, consideraremos apenas um índice associado a cada predicado, ou seja, todos os predicados considerados serão *predicados monádicos*. No próximo capítulo estenderemos ainda mais a linguagem, permitindo *predicados poliádicos*, ou seja, predicados indexados por listas de índices.

Um segundo exemplo é: como poderíamos escrever que o filho de qualquer pessoa que pratica esportes tem boa saúde?[1] Precisaríamos, neste caso, de uma função $f : I \mapsto I$ para capturar o conceito de "filho": se o indivíduo correspondente ao índice i é filho do indivíduo correspondente a j, então $f(j) = i$. Assim, precisaríamos escrever algo como:

- $e_i \to s_{f(i)}$, para qualquer valor de i pertencente ao conjunto $I = \{1,2,3,...\}$.

---

[1] Não estamos, nesse momento, considerando se as sentenças escritas são verdadeiras ou falsas. Queremos apenas, por enquanto, ser capazes de formulá-las.

A lógica de predicados monádicos admite, portanto, a referência indireta aos índices através de funções $f_k : I \mapsto I, k = 1, 2, ...$

Finalmente, consideremos o seguinte exemplo: se o pai ou a mãe de alguém pratica esportes, então esse alguém tem boa saúde. Esta sentença seria escrita como:

- $e_i \vee e_j \to s_{f(i,j)}$, para quaisquer valores de i e j pertencentes ao conjunto $I = \{1, 2, 3, ...\}$.

Neste caso, modificamos a função correspondente ao conceito de "filho" para considerar pai e mãe. A função agora depende de dois parâmetros, em vez de apenas um, como no exemplo anterior. A lógica de predicados monádicos que estudaremos nas próximas seções, embora exija que todos os predicados sejam monádicos, admite funções poliádicas, ou seja, funções que dependem de mais de um parâmetro. Dessa forma, as funções consideradas têm a forma geral $f_k^n : I^n \mapsto I, k = 1, 2, ..., n = 1, 2, ..., N, N < \infty$.[2]

A lógica de predicados monádicos é muito útil para a formalização de conceitos da ciência da computação. Muitos problemas relacionados com a manipulação de tipos de dados em linguagens de programação, por exemplo, podem ser formalizados e verificados usando esta lógica.

4.2 A linguagem de predicados monádicos

Apresentamos aqui a formalização da lógica de predicados monádicos. Para isto, precisamos de alguns conceitos preliminares.

Um conjunto $R^1 = \{r_1, r_2, ...\}$ é um *conjunto de predicados monádicos*, que pode ser vazio, finito ou infinito.

Um conjunto $C = \{c_1, c_2, ...\}$ é um *conjunto de constantes*, que pode ser vazio, finito ou infinito.

Conjuntos $F^i = \{f_1^i, f_2^i, ...\}$ são *conjuntos de funções i-ádicas*, ou seja, funções com i argumentos, $i \geq 1$. Cada um deles pode ser vazio, finito ou infinito.

Uma *assinatura de predicados monádicos* é uma tupla específica

---

[2] Com $N < \infty$ queremos dizer que N é finito.

$$\Sigma^1 = [R^1, C, F^1, F^2, ..., F^N], N < \infty.$$

Fixemos agora o conjunto $V = \{x_1, x_2, ...\}$, que é o *conjunto de variáveis*, que é necessariamente infinitamente enumerável.

Podemos, então, definir os termos e fórmulas da lógica de predicados monádicos. O conjunto $T(\Sigma^1)$ de *termos* da assinatura Σ^1 é definido indutivamente como o menor conjunto que atenda às seguintes condições:

- se $x_i \in V$, então $x_i \in T(\Sigma^1)$;
- se $c_i \in C$, então $c_i \in T(\Sigma^1)$;
- se $f_i^j \in F^j$ e $t_1, t_j \in T(\Sigma^1)$, então $f_i^j(t_1, ..., t_j) \in T(\Sigma^1)$.

O conjunto $\mathcal{F}(\Sigma^1)$ de *fórmulas* da assinatura Σ^1 é definido indutivamente como o menor conjunto que atenda à s seguintes condições:

- se $t \in T(\Sigma^1)$ e $r \in R^1$, então $r(t) \in \mathcal{F}(\Sigma^1)$;
- se $t_1, t_2 \in T(\Sigma^1)$, então $t_1 = t_2 \in \mathcal{F}(\Sigma^1)$.

Esses dois tipos de fórmulas são denominadas *fórmulas elementares* ou *atômicas*.

- se $\varphi, \psi \in \mathcal{F}(\Sigma^1)$, então $\neg\varphi, \varphi \land \psi, \varphi \lor \psi, \varphi \to \psi \in \mathcal{F}(\Sigma^1)$ (as regras para colocação de parênteses são idênticas às vistas para a lógica proposicional);
- se $\varphi \in \mathcal{F}(\Sigma^1)$ e $x \in V$, então $\forall x(\varphi), \exists x(\varphi) \in \mathcal{F}(\Sigma^1)$.

Uma subsequência de símbolos ψ de uma fórmula φ que também pertença ao conjunto $\mathcal{F}(\Sigma^1)$ é denominada *subfórmula* de φ.

O conjunto de *variáveis livres* de uma fórmula φ, denotado como $L(\varphi)$, é definido assim:

- se $\varphi = r(t), r \in R^1, t \in T(\Sigma^1)$, então $L(\varphi)$ é o conjunto de todas as variáveis ocorrendo em t;
- se $\varphi = (t_1 = t_2), t_1, t_2 \in T(\Sigma^1)$, então $L(\varphi)$ é o conjunto de todas as variáveis ocorrendo em t_1 e t_2;

- se $\varphi = \neg \psi$, então $L(\varphi) = L(\psi)$;
- se $\varphi = \xi \vee \psi, \xi \wedge \psi$ ou $\xi \to \psi$, então $L(\varphi) = L(\xi) \cup L(\psi)$;
- se $\varphi = \forall x(\psi)$ ou $\exists x(\psi), x \in V$, então $L(\varphi) = L(\psi) - \{x\}$.

Se $L(\varphi) = \varnothing$, então a fórmula φ recebe o nome especial de *sentença*.

EXERCÍCIOS

4.1 Considerar a assinatura $\Sigma^1 = [R^1, C, F^1, F^2]$, onde:

- $R^1 = \{r_1\}$;
- $C = \{a, b, c\}$;
- $F^1 = \{f^1\}$;
- $F^2 = \{f^2\}$.

Identificar, dentre as sequências de símbolos a seguir, quais pertencem a $F(\Sigma^1)$:

- $r_1(a)$.
- $r_1(f_1)$.
- $r_1(f_2(x_1, f_1(a))) \vee r_1(f_1(x_2)) \to x_1 = x_2$.
- $r_1(x_1) \to \forall x_2(r_2(x_2))$.
- $\forall x_1(\exists x_2(r_1(f_1(x_1)) \to \neg r_1(f_2(x_2, x_1))))$.

4.2 Identificar, nas sequências de símbolos anteriores que forem fórmulas, todas as suas subfórmulas.

4.3 Identificar, nas fórmulas do Exercício 4.1 e em todas as subfórmulas identificadas no Exercício 4.2, os respectivos conjuntos de variáveis livres.

4.3 Semântica

Um par $\mathcal{A}(\Sigma^1) = [A, \nu^{\mathcal{A}(\Sigma^1)}]$ é um *sistema algébrico da assinatura* Σ^1 se as seguintes condições forem observadas:

- $A \neq \emptyset$ é denominado o *portador* do sistema algébrico;
- $\nu^{\mathcal{A}(\Sigma^1)}$ mapeia os elementos dos conjuntos de Σ^1 em subconjuntos e funções sobre o conjunto A, e é denominada *interpretação* de Σ^1 em A;
- se $r_i \in R^1$, então $\nu^{\mathcal{A}(\Sigma^1)}(r_i) \subseteq A$;
- se $c_i \in C$, então $\nu^{\mathcal{A}(\Sigma^1)}(c_i) \in A$;
- se $f_i^j \in F^j$, então existe uma função $\nu^{\mathcal{A}(\Sigma^1)}(f_i^j) : A^j \mapsto A$.

Seja $X \subseteq V$ um conjunto de variáveis selecionadas. Uma função $\gamma : X \to A$ é denominada uma *interpretação do conjunto X em A*.

O *valor* de um termo $t \in T(\Sigma^1)$ em um sistema algébrico $\mathcal{A}(\Sigma^1)$ para uma interpretação γ é denotado como $t^{\mathcal{A}(\Sigma^1)}[\gamma]$ e definido indutivamente da seguinte forma:

- se $t = x \in X$, então $t^{\mathcal{A}(\Sigma^1)}[\gamma] = \gamma(x)$;
- se $t = c \in C$, então $t^{\mathcal{A}(\Sigma^1)}[\gamma] = \nu^{\mathcal{A}(\Sigma^1)}(c)$;
- se $f_i^j \in F^j, t_1,...,t_j \in T(\Sigma^1)$ e $t = f_i^j(t_1,...,t_j)$, então
$$t^{\mathcal{A}(\Sigma^1)}[\gamma] = \nu^{\mathcal{A}(\Sigma^1)}(f_i^j)(t_1^{\mathcal{A}(\Sigma^1)}[\gamma],...,t_j^{\mathcal{A}(\Sigma^1)}[\gamma]).$$

Ou seja, o valor de uma função é dado pelo valor do símbolo funcional aplicado aos valores dos termos que formam os parâmetros da função.

O valor de um termo em um sistema algébrico para uma interpretação γ é, portanto, sempre um elemento de A — desde que, é claro, as variáveis que ocorram nesse termo pertençam ao domínio da interpretação de variáveis γ utilizada. Caso isso não ocorra, o valor do termo é indeterminado.

Seja $\gamma : X \to A, X \subseteq V$ uma interpretação de variáveis e $X_1 \subseteq V$. Definimos a *restrição da interpretação* γ a X_1 como a função:

$$\gamma \uparrow X_1 : (X \cap X_1) \to A, \begin{cases} \gamma \uparrow X_1(x) = \gamma(x), x \in X \cap X_1. \\ \gamma \uparrow X_1(x) = \textit{indefinido, caso contrário.} \end{cases}$$

Podemos definir, agora, quando uma fórmula $\varphi \in F(\Sigma^1)$ em um sistema algébrico $\mathcal{A}(\Sigma^1)$ para uma interpretação γ é *verdadeira* (denotado como $\mathcal{A}(\Sigma^1) \vDash \varphi[\gamma]$). Para que φ seja verdadeira em $\mathcal{A}(\Sigma^1)$ para γ, é preciso que ocorra o seguinte:

- se $\varphi = r(t) \in F(\Sigma^1)$, então $\mathcal{A}(\Sigma^1) \vDash \varphi[\gamma]$ é equivalente a $t^{\mathcal{A}(\Sigma^1)}[\gamma] \in \nu^{\mathcal{A}(\Sigma^1)}(r)$;
- se $\varphi = (t_1 = t_2), t_1, t_2 \in T(\Sigma^1)$, então $\mathcal{A}(\Sigma^1) \vDash \varphi[\gamma]$ é equivalente a $t_1^{\mathcal{A}(\Sigma^1)}[\gamma] = t_2^{\mathcal{A}(\Sigma^1)}[\gamma]$;
- se $\varphi = \neg\psi, \psi \in F(\Sigma^1)$, então $\mathcal{A}(\Sigma^1) \vDash \varphi[\gamma]$ sse não for verdade que $\mathcal{A}(\Sigma^1) \vDash \psi[\gamma]$;
- se $\varphi = \psi \vee \xi, \psi, \xi \in F(\Sigma^1)$, então $\mathcal{A}(\Sigma^1) \vDash \varphi[\gamma]$ sse $\mathcal{A}(\Sigma^1) \vDash \psi[\gamma]$ ou $\mathcal{A}(\Sigma^1) \vDash \xi[\gamma]$;
- se $\varphi = \psi \wedge \xi, \psi, \xi \in F(\Sigma^1)$, então $\mathcal{A}(\Sigma^1) \vDash \varphi[\gamma]$ sse $\mathcal{A}(\Sigma^1) \vDash \psi[\gamma]$ e $\mathcal{A}(\Sigma^1) \vDash \xi[\gamma]$;
- se $\varphi = \psi \to \xi, \psi, \xi \in F(\Sigma^1)$, então $\mathcal{A}(\Sigma^1) \vDash \varphi[\gamma]$ sse, caso $\mathcal{A}(\Sigma^1) \vDash \psi[\gamma]$, então necessariamente também $\mathcal{A}(\Sigma^1) \vDash \xi[\gamma]$;
- se $\varphi = \exists x(\psi), \psi \in F(\Sigma^1)$, então $\mathcal{A}(\Sigma^1) \vDash \varphi[\gamma]$ sse existir pelo menos uma interpretação de variáveis $\gamma_1 : X_1 \to A$ tal que $x \in X_1, \gamma_1 \uparrow L(\varphi) = \gamma \uparrow L(\varphi)$ e $\mathcal{A}(\Sigma^1) \vDash \psi[\gamma_1]$;
- se $\varphi = \forall x(\psi), \psi \in F(\Sigma^1)$, então $\mathcal{A}(\Sigma^1) \vDash \varphi[\gamma]$ sse para qualquer interpretação de variáveis $\gamma_i : X_i \to A$ tal que $x \in X_i$ e $\gamma_i \uparrow L(\varphi) = \gamma \uparrow L(\varphi)$, tivermos que $\mathcal{A}(\Sigma^1) \vDash \psi[\gamma_i]$.

Um caso que merece destaque é o seguinte: se φ for uma sentença, então $L(\varphi) = \emptyset$. Então, por definição, nos dois últimos casos, $\gamma_i \uparrow L(\varphi) = \gamma \uparrow L(\varphi)$, independentemente de qual seja a função γ. Se φ for uma sentença, portanto, podemos simplificar um pouco a notação e indicar que φ é verdadeira em $\mathcal{A}(\Sigma^1)$ (denotado como $\mathcal{A}(\Sigma^1) \vDash \varphi$).

Quando uma sentença não for verdadeira em um sistema algébrico $A(\Sigma^1)$, dizemos que ela é *falsa* em $\mathcal{A}(\Sigma^1)$.

EXERCÍCIOS

4.4 Considerar a assinatura $\Sigma^1 = [R^1, C, F^1, F^2]$, onde:

- $R^1 = \{r_1, r_2\}$;
- $C = \{a, b, c\}$;
- $F^1 = \{f^1\}$;
- $F^2 = \{f^2\}$.

Considerar, também, os seguintes sistemas algébricos:

- $\mathcal{A}_1(\Sigma^1) = [A_1, v^{\mathcal{A}_1(\Sigma^1)}]$;
  - $A_1 = \{1\}$
  - $v^{\mathcal{A}_1(\Sigma^1)}(r_1) = v^{\mathcal{A}_1(\Sigma^1)}(r_2) = \{1\}$
  - $v^{\mathcal{A}_1(\Sigma^1)}(a) = v^{\mathcal{A}_1(\Sigma^1)}(b) = v^{\mathcal{A}_1(\Sigma^1)}(c) = 1$
  - $v^{\mathcal{A}_1(\Sigma^1)}(f^1) = f : A_1 \to A_1, f(x) = 1$
  - $v^{\mathcal{A}_1(\Sigma^1)}(f^2) = g : A_1 \times A_1 \to A_1, g(x, y) = x$
- $\mathcal{A}_2(\Sigma^1) = [A_2, v^{\mathcal{A}_2(\Sigma^1)}]$;
  - $A_2 = \{1, 2, 3, ...\}$
  - $v^{\mathcal{A}_2(\Sigma^1)}(r_1) = \{1, 3, 5, ...\}$

- $v^{A_2(\Sigma^1)}(r_2) = \{2,4,6,...\}$
- $v^{A_2(\Sigma^1)}(a) = 1$
- $v^{A_2(\Sigma^1)}(b) = 2$
- $v^{A_2(\Sigma^1)}(c) = 3$
- $v^{A_2(\Sigma^1)}(f^1) = f : A_2 \to A_2, f(x) = x+1$
- $v^{A_2(\Sigma^1)}(f^2) = g : A_2 \times A_2 \to A_2, g(x,y) = x+y$.

Verificar, para as sentenças φ_i a seguir, se $\mathcal{A}_1(\Sigma^1) \vDash \varphi_i$ e se $\mathcal{A}_2(\Sigma^1) \vDash \varphi_i$:

- $\forall x_1(\exists x_2(\exists x_3(r_2(x_1) \to (r_1(x_2) \land r_1(x_3) \land (x_1 = f^2(x_2,x_3))))))$;
- $\forall x_1(\exists x_2(r_2(x_1) \to (r_1(x_2) \land \land (x_1 = f^2(x_2,a)))))$;
- $\forall x_1(\exists x_2(r_2(x_1) \to (r_1(x_2) \land \land (x_1 = f^2(x_2,c)))))$;
- $\exists x_1(\exists x_2(r_2(x_1) \to (r_1(x_2) \land \land (x_1 = f^2(x_2,c)))))$;
- $\forall x(r_1(x))$;
- $\forall x(r_1(x) \to r_1(x))$;
- $\exists x(r_2(f^1(x)) \to r_1(x))$;
- $\forall x(r_2(f^1(x)) \to r_1(x))$;
- $\forall x(\neg(r_2(f^1(x)) \to r_1(x)))$;
- $\neg\forall x(r_2(f^1(x)) \to r_1(x))$.

4.5 (Desafio) Para cada uma das sentenças do exercício anterior, construir (se possível) um sistema algébrico $\mathcal{A}_j(\Sigma^1)$ tal que não seja verdade que $\mathcal{A}_j(\Sigma^1) \vDash \varphi_i$.

Seja Σ^1 uma assinatura e $\varphi \in \mathcal{F}(\Sigma^1)$. Definimos a *assinatura Σ^1 restrita a φ* — denotada como $\Sigma^1(\varphi)$ — como sendo a assinatura composta unicamente pelos predicados, constantes e funções de Σ^1 que ocorrerem em φ.

Seja um sistema algébrico $\mathcal{A}(\Sigma^1) = [A, \nu^{\mathcal{A}(\Sigma^1)}]$. Definimos como a *cardinalidade* de $\mathcal{A}(\Sigma^1)$ a quantidade de elementos de A. Denotamos a cardinalidade de $\mathcal{A}(\Sigma^1)$ como $|\mathcal{A}(\Sigma^1)|$.

Uma sentença φ é *n-verdadeira*, $n < \infty$, se $\mathcal{A}(\Sigma^1(\varphi)) \vDash \varphi$ para qualquer sistema algébrico de assinatura $\Sigma(\varphi)$ cuja cardinalidade seja menor que ou igual a n. Denotamos este conceito como $\vDash_n \varphi$.

Uma sentença φ é simplesmente denominada *verdadeira* se $\mathcal{A}(\Sigma^1(\varphi)) \vDash \varphi$ para qualquer sistema algébrico de assinatura $\Sigma(\varphi)$, independentemente da cardinalidade. Denotamos este conceito como $\vDash \varphi$.

EXERCÍCIOS

4.6 (Desafio) Demonstrar que existe um algoritmo tal que, para qualquer sentença φ, permite determinar em um número finito de passos se $\vDash_n \varphi$ para qualquer $n, 0 < n < \infty$.

4.7 (Desafio) (Extraído de Ershov e Paliutim, 1990) Demonstrar que a sentença a seguir é *n*-verdadeira para qualquer n, $0 < n < \infty$, mas não é verdadeira:

$$\exists x_1 (\forall x_2 (\neg (f(x_2) = x_1))) \rightarrow \exists x_3 (\exists x_4 ((f(x_3) = f(x_4)) \wedge \neg (x_3 = x_4))).$$

Nas próximas seções, estudaremos métodos sistemáticos para verificar se uma dada sentença é verdadeira, bem como a possibilidade de automatizar esses procedimentos na forma de programas de computador. Um último resultado importante que apresentamos na presente seção é um teorema que será útil nas seções seguintes. Apresentamos o teorema, mas não sua demonstração, que está fora do escopo deste livro. Algumas sugestões de livros que demonstram este teorema podem ser encontradas na Seção 4.8, Notas Bibliográficas.

Um sistema algébrico $\mathcal{A}(\Sigma^1)$ é um *modelo* de um conjunto de sentenças Γ se $\mathcal{A}(\Sigma^1) \vDash \varphi$ para qualquer $\varphi \in \Gamma$. Se Γ tiver pelo menos um modelo, dizemos que Γ é *satisfazível*. Dizemos ainda que Γ é *localmente satisfazível* se todo subconjunto finito de Γ tiver pelo menos um modelo.

Teorema 4.3.1 (Teorema da Compacidade) *Se um conjunto de sentenças Γ for localmente satisfazível, então ele também será satisfazível.*

■ 4.4 Dedução Natural

Iniciemos com o conceito de *substituição* de variáveis. Seja Σ^1 uma assinatura, $t_1,\ldots,t_n \in T(\Sigma^1), \varphi \in \mathcal{F}(\Sigma^1)$ e as variáveis $x_1,\ldots,x_n \in V$. Assumimos que as variáveis x_i sejam distintas duas a duas, mas dentre os termos t_i podem ocorrer repetições. Assumimos ainda que se φ tiver uma subfórmula de forma $\forall x'(\varphi')$ ou $\exists x'(\varphi')$, e se $x_i \in L(\varphi)$ ocorrer dentro desta subfórmula, então $x' \notin t_i$. A fórmula $\varphi[x_1 := t_1,\ldots,x_n := t_n]$ é obtida substituindo as variáveis *livres* entre $x_1,\ldots,x_n$ pelos termos de mesmo índice.

Por exemplo, se $\varphi = \forall x_1(r_1(x_1) \to r_1(x_2))$, então $\varphi[x_1 := f_1^2(c_1,x_1), x_2 := f_1^2(c_2,x_2)] = \forall x_1(r_1(x_1) \to r_1(f_1^2(c_2,x_2)))$. Deve ser observado que a variável x_1 não é substituída pelo termo correspondente, pois ela não pertence a $L(\varphi)$.

Como um segundo exemplo, se $\varphi = r_1(x_1) \to \exists x_2(r_1(f_1^2(x_1,x_2)))$, então pode ser efetuada a substituição $[x_1 := c_1]$ — gerando a fórmula $\varphi[x_1 := c_1] = r_1(c_1) \to \exists x_2(r_1(f_1^2(c_1,x_2)))$ — mas não a substituição $[x_1 := x_2]$. Intuitivamente, uma substituição aplicada a uma fórmula gera um "caso particular" daquela fórmula, mas não deve impor condições na fórmula gerada que já não estivessem presentes na inicial. Uma leitura informal de φ neste último caso poderia ser "se um valor de x_1 pertencer ao conjunto determinado por r_1, então existe pelo menos um valor de x_2 tal que o resultado da função $f_1^2(x_1,x_2)$ também pertencerá ao mesmo conjunto". A fórmula $\varphi[x_1 := c_1]$ particulariza φ para quando o valor de x_1 for igual a c_1, ou seja, "se c_1 pertencer ao conjunto determinado por r_1 então existe pelo menos um valor de x_2 tal que o resultado da função $f_1^2(c_1,x_2)$ também pertencerá ao mesmo conjunto". Já a fórmula $\psi = r_1(x_2) \to \exists x_2(r_1(f_1^2(x_2,x_2)))$, que seria obtida pela aplicação errônea da regra de substituição delineada anteriormente, exige a leitura "se um valor de x_2 pertencer ao conjunto determinado por r_1, então existe um valor que pode ser substituído nas posições dos dois parâmetros da função f_1^2, e o resultado dessa função também pertencerá ao conjunto determinado por r_1".

> **EXERCÍCIO**
>
> 4.8 Efetue as substituições apropriadas nas fórmulas a seguir:
>
> - $r_1(x_1) \vee \neg r_2(x_2) \to r_1(f_1^2(x_1,x_2)), [x_1 := a, x_2 := b]$;
> - $r_1(x_1) \to \forall x_2 (r_1(f_1^2(x_1,x_2))), [x_1 := a, x_2 := b]$;
> - $r_1(x_1) \to \forall x_2 (r_1(f_1^2(x_1,x_2))), [x_1 := x_2, x_2 := x_1]$;
> - $r_1(x_1) \to \forall x_2 (r_1(f_1^2(x_1,x_2))), [x_1 := f(x_1)]$;
> - $r_1(x_1) \to \forall x_2 (r_1(f_1^2(x_1,x_2))), [x_2 := f(x_1)]$.

Sejam agora as fórmulas arbitrárias $\varphi_1, \ldots, \varphi_n, \psi \in \Sigma^1, n \geq 1$. Definimos os *sequentes* em Σ^1 como quaisquer expressões com uma das formas a seguir:

- $\varphi_1, \ldots, \varphi_n \vdash \psi$;
- $\varphi_1, \ldots, \varphi_n \vdash$;
- $\vdash \psi$;
- $\vdash$.

Definimos os *axiomas* em Σ^1 como sendo todos os sequentes com os formatos a seguir:

- $\varphi \vdash \varphi, \varphi \in \mathcal{F}(\Sigma^1)$;
- $\vdash (x = x), x \in V$;
- $(x_1 = x_2), \varphi[x_3 := x_1] \vdash \varphi[x_3 := x_2], x_1, x_2, x_3 \in V$, supondo que essas substituições sejam possíveis.

O *sistema de dedução natural* para Σ^1 é formado pelas 16 regras a seguir, onde $\varphi, \psi, \xi, \varphi_1, \ldots, \varphi_n \in \mathcal{F}(\Sigma^1), n \geq 1, x \in V, t \in T(\Sigma^1)$ e Γ, Φ são listas de fórmulas, possivelmente vazias:

1. $\dfrac{\Gamma \vdash \varphi; \Gamma \vdash \psi}{\Gamma \vdash \varphi \wedge \psi}$;

2. $\dfrac{\Gamma \vdash \varphi \wedge \psi}{\Gamma \vdash \varphi}$;

3. $\dfrac{\Gamma \vdash \varphi \wedge \psi}{\Gamma \vdash \psi}$;

4. $\dfrac{\Gamma \vdash \varphi}{\Gamma \vdash \varphi \vee \psi}$;

5. $\dfrac{\Gamma \vdash \psi}{\Gamma \vdash \varphi \vee \psi}$;

6. $\dfrac{\Gamma,\varphi \vdash \xi; \Gamma,\psi \vdash \xi; \Gamma \vdash \varphi \vee \psi}{\Gamma \vdash \xi}$;

7. $\dfrac{\Gamma,\varphi \vdash \psi}{\Gamma \vdash \varphi \to \psi}$;

8. $\dfrac{\Gamma \vdash \varphi; \Gamma \vdash \varphi \to \psi}{\Gamma \vdash \psi}$;

9. $\dfrac{\Gamma, \neg\varphi \vdash}{\Gamma \vdash \varphi}$;

10. $\dfrac{\Gamma \vdash \varphi; \Gamma \vdash \neg\varphi}{\Gamma \vdash}$;

11. $\dfrac{\Gamma,\varphi,\psi,\Phi \vdash \xi}{\Gamma,\psi,\varphi,\Phi \vdash \xi}$;

12. $\dfrac{\Gamma \vdash \varphi}{\Gamma,\psi \vdash \varphi}$;

13. $\dfrac{\Gamma \vdash \varphi}{\Gamma \vdash \forall x(\varphi)}$, assumindo que $x \notin L(\varphi_i), \varphi_i \in \Gamma$;

14. $\dfrac{\Gamma, \varphi[x:=t] \vdash \psi}{\Gamma, \forall x(\varphi) \vdash \psi}$;

15. $\dfrac{\Gamma \vdash \varphi[x:=t]}{\Gamma \vdash \exists x(\varphi)}$;

16. $\dfrac{\Gamma, \varphi \vdash \psi}{\Gamma, \exists x(\varphi) \vdash \psi}$, assumindo que $x \notin L(\varphi_i), \varphi_i \in \Gamma$ e $x \notin L(\psi)$.

Cada uma das regras desse sistema de dedução prescreve uma forma de construir novos sequentes a partir de sequentes anteriores. A *demonstração* de um sequente C é uma árvore de sequentes em que as folhas são axiomas, a raiz é o sequente C e os sequentes intermediários são construídos utilizando regras selecionadas dentre as 16 regras listadas nos parágrafos anteriores.

Se existir uma demonstração de um sequente C, então este recebe o nome de *teorema*. Mais adiante veremos a relação entre os teoremas e os sistemas algébricos da assinatura de φ que caracterizam sua semântica.

Podemos observar que as regras de 1 a 10 servem para acrescentar ou eliminar um conectivo ($\neg, \vee, \wedge, \rightarrow$). As 11 e 12, que não acrescentam nem eliminam elementos da linguagem, são denominadas *regras estruturais* do sistema dedutivo. As regras 13 a 16 manipulam os quantificadores ($\exists, \forall$), permitindo sua inserção à esquerda ou à direita nos sequentes.

Por exemplo, consideremos o sequente:

$$\forall x_1(\forall x_2(\forall x_3((r_1(x_1) \rightarrow r_1(x_2)) \wedge (r_1(x_1) \rightarrow r_1(x_3))))) \vdash \forall x_1(\forall x_2(\forall x_3(r_1(x_1) \rightarrow (r_1(x_2) \wedge r_1(x_3)))))$$

Ele pode ser demonstrado da seguinte forma,[3] na qual abreviamos em alguns pontos a sentença $(r_1(a) \rightarrow r_1(b)) \wedge (r_1(a) \rightarrow r_1(c))$ como φ para tornar a demonstração um pouco mais concisa:

$$
\dfrac{\dfrac{\dfrac{r_1(a) \vdash r_1(a)}{r_1(a), \varphi \vdash r_1(a)}}{\varphi, r_1(a) \vdash r_1(a)} \quad \dfrac{\dfrac{\varphi \vdash \varphi}{\varphi \vdash r_1(a) \rightarrow r_1(b)}}{\varphi, r_1(a) \vdash r_1(a) \rightarrow r_1(b)}}{\varphi, r_1(a) \vdash r_1(b)} \quad \dfrac{\dfrac{r_1(a) \vdash r_1(a)}{r_1(a), \varphi \vdash r_1(a)} \quad \dfrac{\varphi \vdash \varphi}{\varphi \vdash r_1(a) \rightarrow r_1(c)}}{\varphi, r_1(a) \vdash r_1(c)}
$$

$$\dfrac{\varphi, r_1(a) \vdash r_1(b) \wedge r_1(c)}{(r_1(a) \rightarrow r_1(b)) \wedge (r_1(a) \rightarrow r_1(c)) \vdash r_1(a) \rightarrow (r_1(b) \wedge r_1(c))}$$

$$\dfrac{\forall x_3((r_1(a) \rightarrow r_1(b)) \wedge (r_1(a) \rightarrow r_1(x_3))) \vdash r_1(a) \rightarrow (r_1(b) \wedge r_1(c))}{\forall x_2(\forall x_3((r_1(a) \rightarrow r_1(x_2)) \wedge (r_1(a) \rightarrow r_1(x_3)))) \vdash r_1(a) \rightarrow (r_1(b) \wedge r_1(c))}$$

$$\dfrac{\forall x_1(\forall x_2(\forall x_3((r_1(x_1) \rightarrow r_1(x_2)) \wedge (r_1(x_1) \rightarrow r_1(x_3))))) \vdash \forall x_3(r_1(a) \rightarrow (r_1(b) \wedge r_1(x_3)))}{\forall x_1(\forall x_2(\forall x_3((r_1(x_1) \rightarrow r_1(x_2)) \wedge (r_1(x_1) \rightarrow r_1(x_3))))) \vdash \forall x_2(\forall x_3(r_1(a) \rightarrow (r_1(x_2) \wedge r_1(x_3))))}$$

$$\forall x_1(\forall x_2(\forall x_3((r_1(x_1) \rightarrow r_1(x_2)) \wedge (r_1(x_1) \rightarrow r_1(x_3))))) \vdash \forall x_1(\forall x_2(\forall x_3(r_1(x_1) \rightarrow (r_1(x_2) \wedge r_1(x_3)))))$$

---

[3] Essa demonstração não é única. O leitor pode tentar, como exercício, construir uma demonstração diferente.

> **EXERCÍCIO**
>
> 4.9 Construir demonstrações para os sequentes:
>
> - $\forall x(r_1(x) \vee r_2(x)) \vdash \forall x(r_2(x) \vee r_1(x))$;
> - $r_1(a), r_1(b) \vdash r_1(a) \wedge r_1(b)$;
> - $\vdash \forall x_1(\forall x_2(r_1(x_1) \rightarrow (r_1(x_2) \rightarrow r_1(x_1))))$;
> - $r_1(a) \wedge \neg r_1(a) \vdash$.

Se compararmos as regras anteriores de 1 a 10 com as da Figura 2.2 (Capítulo 2) notaremos que, na verdade, as duas notações são equivalentes. Optamos por uma notação distinta no presente capítulo por um motivo didático, visando expor o leitor às notações mais comumente encontradas em outros textos. Ademais, esta segunda notação explicita as regras estruturais (regras 11 e 12), que são frequentemente alteradas para produzir lógicas não clássicas, que podem ser inclusive de interesse da ciência da computação. Por exemplo, se eliminarmos essas duas regras (que estão implícitas na notação da Figura 2.2), os *conjuntos* de fórmulas à esquerda dos sequentes passam a ser *listas* de fórmulas, em que a ordem e a quantidade de repetições de cada fórmula se tornam relevantes.

Podemos também estender nossa linguagem com as propriedades matemáticas usuais do símbolo de igualdade, fazendo uso dos seguintes sequentes:

- $\vdash (t = t), t \in T(\Sigma^1)$;
- $(t_1 = t_2) \vdash (t_2 = t_1), t_1, t_2 \in T(\Sigma^1)$;
- $(t_1 = t_2), (t_2 = t_3) \vdash (t_1 = t_3), t_1, t_2, t_3 \in T(\Sigma^1)$;
- $(t'_1 = t''_1), ..., (t'_n = t''_n) \vdash t[x_1 := t'_1, ..., x_n := t'_n] = t[x_1 := t''_1, ..., x_n := t''_n], t, t'_1, ..., t'_n, t''_1, ..., t''_n \in T(\Sigma^1)$;
- $(t'_1 = t''_1), ..., (t'_n = t''_n), \varphi[x_1 := t'_1, ..., x_n := t'_n] \vdash \varphi[x_1 := t''_1, ..., x_n := t''_n]$, $t, t'_1, ..., t'_n, t''_1, ..., t''_n \in T(\Sigma^1), \varphi \in \mathcal{F}(\Sigma^1)$ e assumindo que as duas substituições possam ser efetuadas em φ;

Vamos agora definir a relação desejada entre os teoremas e a noção de verdade relativa a sistemas algébricos vista na seção anterior. Sejam Σ^1 uma assinatura de predicados monádicos, C um sequente cujas fórmulas pertençam a $\mathcal{F}(\Sigma^1)$, $\mathcal{A}(\Sigma^1)$ um sistema algébrico e $\gamma : V \to A$ uma interpretação de variáveis. As seguintes condições são requeridas para que C seja um sequente *verdadeiro* em $\mathcal{A}(\Sigma^1)$ para γ:

- se $C = \Gamma \vdash \varphi$, é exigido que $\mathcal{A}(\Sigma^1) \vDash \varphi[\gamma]$ ou que $\mathcal{A}(\Sigma^1) \vDash \neg \psi[\gamma]$ para pelo menos uma fórmula ψ pertencente a Γ, considerando inclusive a possibilidade de Γ ser uma lista vazia de fórmulas;
- se $C = \Gamma \vdash$, é exigido que $\mathcal{A}(\Sigma^1) \vDash \neg \psi[\gamma]$ para pelo menos uma fórmula ψ pertencente a Γ.

Se um sequente C não for verdadeiro em $\mathcal{A}(\Sigma^1)$ para γ, então ele é denominado *falso*. Em particular, das duas exigências anteriores podemos concluir que o sequente vazio ($\vdash$) é falso em qualquer sistema algébrico e para qualquer interpretação de variáveis.

Um sequente C é denominado simplesmente *verdadeiro* se ele for verdadeiro em qualquer sistema algébrico e para qualquer interpretação de variáveis.

O resultado natural esperado é uma correspondência entre teoremas e sequentes verdadeiros. Esse resultado foi demonstrado por Kurt Gödel:

Teorema 4.4.1 (Teorema da Correção e Completude) *O conjunto de sequentes que são teoremas coincide com o conjunto de sequentes que são verdadeiros.*

Na Seção 4.6 analisaremos com mais detalhes esse resultado importante e útil da lógica matemática. Antes disso, estudaremos um segundo sistema dedutivo.

4.5 Axiomatização

O sistema dedutivo da seção anterior tem como estratégia de construção fazer uso de uma pequena quantidade de axiomas bastante simples e construir as propriedades desejadas para os elementos da linguagem (conectivos e quantificadores) através das regras de dedução. Com isso, temos poucos esquemas de axiomas e uma maior quantidade de regras.

A possibilidade "inversa" é fazer uso de uma pequena quantidade de regras, que sejam mantidas tão simples quanto possível, com a natural contrapartida de precisar de axiomas mais sofisticados e em maior quantidade, que levem às mesmas propriedades para os elementos da linguagem.

Consideremos, por exemplo, o sequente:

$$r_1(c) \wedge r_2(c) \vdash r_2(c) \wedge r_1(c).$$

Este sequente é um teorema, o que pode ser comprovado pela demonstração a seguir:

$$\dfrac{\dfrac{r_1(c) \wedge r_2(c) \vdash r_1(c) \wedge r_2(c)}{r_1(c) \wedge r_2(c) \vdash r_2(c)} \quad \dfrac{r_1(c) \wedge r_2(c) \vdash r_1(c) \wedge r_2(c)}{r_1(c) \wedge r_2(c) \vdash r_1(c)}}{r_1(c) \wedge r_2(c) \vdash r_2(c) \wedge r_1(c)}$$

Nesta demonstração foram utilizadas as regras 1, 2 e 3 do sistema de dedução natural visto na seção anterior.

Se essas regras forem eliminadas do sistema dedutivo, que axiomas precisam ser incluídos para que o sequente continue sendo um teorema?

Esta pergunta poderia ser respondida de muitas maneiras distintas. Escolhemos aqui uma resposta que melhor se adapta ao sistema dedutivo que apresentaremos a seguir. Primeiramente, observamos que é simples demonstrar, usando as regras 7 e 8 do sistema de dedução natural, que o seguinte resultado é válido:

Teorema 4.5.1 (Teorema da Dedução) Um sequente $\Gamma \vdash \varphi$ é um teorema, $\Gamma = \xi_1, ..., \xi_n, n \geq 1$, em que φ, ξ_i são fórmulas, se, e somente se, o sequente $\vdash \xi_1 \to (\xi_2 \to (... \to (\xi_n \to \varphi)...)$ também o for.

EXERCÍCIOS

4.10 (Desafio) Demonstrar o teorema da dedução.

Portanto, a pergunta anterior é equivalente a perguntar quais axiomas precisam ser incluídos em substituição às regras 1, 2 e 3 do sistema de dedução natural para que o sequente $\vdash r_1(c) \wedge r_2(c) \to r_2(c) \wedge r_1(c)$ seja um teorema.

Se considerarmos como axiomas adicionais todos os sequentes com os seguintes formatos:

$\vdash (\varphi \wedge \psi) \to \varphi$;
$\vdash (\varphi \wedge \psi) \to \psi$;
$\vdash (\varphi \to \psi) \to ((\varphi \to \xi) \to (\varphi \to (\psi \wedge \xi)))$,

onde φ, ψ e ξ são fórmulas, então podemos construir a seguinte demonstração:

$$\dfrac{\dfrac{\vdash r_1(c) \wedge r_2(c) \to r_2(c)\quad \vdash (r_1(c) \wedge r_2(c) \to r_2(c)) \to ((r_1(c) \wedge r_2(c) \to r_1(c)) \to (r_1(c) \wedge r_2(c) \to r_2(c) \wedge r_1(c)))}{\vdash r_1(c) \wedge r_2(c) \to r_1(c) \qquad \vdash (r_1(c) \wedge r_2(c) \to r_1(c)) \to (r_1(c) \wedge r_2(c) \to r_2(c) \wedge r_1(c))}}{\vdash r_1(c) \wedge r_2(c) \to r_2(c) \wedge r_1(c)}$$

Seja Σ^1 uma assinatura e as fórmulas arbitrárias $\varphi_1, \ldots, \varphi_n, \psi \in \Sigma^1, n \geq 1$. Pode-se demonstrar que os sequentes definidos na seção anterior podem ser, respectivamente, reescritos para as formas a seguir:

- $\vdash \varphi_1 \to (\ldots \to (\varphi_n \to \psi)\ldots)$;
- $\vdash \neg \varphi_1 \vee \ldots \vee \neg \varphi_n$;
- $\vdash \psi$;
- $\vdash$.

4.11 (Desafio) Demonstre este resultado.

Definimos para esses sequentes um novo conjunto de axiomas em Σ^1 como sendo todos os sequentes com os formatos a seguir:

1. $\vdash \varphi \to (\psi \to \varphi), \varphi,\psi \in \mathcal{F}(\Sigma^1)$;
2. $\vdash (\varphi \to \psi) \to ((\varphi \to (\psi \to \xi)) \to (\varphi \to \xi)), \varphi,\psi,\xi \in \mathcal{F}(\Sigma^1)$;
3. $\vdash (\varphi \wedge \psi) \to \varphi, \varphi,\psi \in \mathcal{F}(\Sigma^1)$;
4. $\vdash (\varphi \wedge \psi) \to \psi, \varphi,\psi \in \mathcal{F}(\Sigma^1)$;
5. $\vdash (\varphi \to \psi) \to ((\varphi \to \xi) \to (\varphi \to (\psi \wedge \xi))), \varphi,\psi,\xi \in \mathcal{F}(\Sigma^1)$;
6. $\vdash \varphi \to (\varphi \vee \psi), \varphi,\psi \in \mathcal{F}(\Sigma^1)$;
7. $\vdash \varphi \to (\psi \vee \varphi), \varphi,\psi \in \mathcal{F}(\Sigma^1)$;
8. $\vdash (\varphi \to \xi) \to ((\psi \to \xi) \to ((\varphi \vee \psi) \to \xi)), \varphi,\psi,\xi \in \mathcal{F}(\Sigma^1)$;
9. $\vdash (\varphi \to \psi) \to ((\varphi \to \neg\psi) \to \neg\varphi), \varphi,\psi \in \mathcal{F}(\Sigma^1)$;
10. $\vdash \neg\neg\varphi \to \varphi, \varphi \in \mathcal{F}(\Sigma^1)$;
11. $\vdash \forall x(\varphi) \to \varphi[x := t], \varphi \in \mathcal{F}(\Sigma^1), x \in V, t \in T(\Sigma^1)$, assumindo que esta substituição seja permitida;
12. $\vdash \varphi[x := t] \to \exists x(\varphi), \varphi \in \mathcal{F}(\Sigma^1), x \in V, t \in T(\Sigma^1)$, assumindo que esta substituição seja permitida;
13. $\vdash (x = x), x \in V$;
14. $\vdash (x_1 = x_2) \to (\varphi[x_3 := x_1] \to \varphi[x_3 := x_2]), x_1, x_2 \in V, \varphi \in \mathcal{F}(\Sigma^1)$ assumindo que estas substituições sejam permitidas.

O *sistema axiomático de dedução* para Σ^1 é formado pelos 14 axiomas e pelas três regras a seguir, onde $\varphi,\psi \in F(\Sigma^1)$ e $x \in V$:

1. $\dfrac{\vdash \varphi \quad \vdash \varphi \to \psi}{\vdash \psi}$;

2. $\dfrac{\psi \to \varphi}{\psi \to \forall x(\varphi)}$;

3. $\dfrac{\varphi \to \psi}{\exists x(\varphi) \to \psi}$.

O teorema enunciado a seguir determina uma noção de equivalência entre o sistema de dedução natural visto na seção anterior e o sistema axiomático de dedução apresentado anteriormente. Uma demonstração elegante e concisa deste teorema pode ser encontrada em Ershov e Paliutin, 1990.

Teorema 4.5.2 *(Teorema da Equivalência entre Sistemas Dedutivos)* Seja Σ^1 uma assinatura e $\vdash \varphi$ um sequente, $\varphi \in F(\Sigma^1)$. Esse sequente será um teorema no sistema de dedução natural se e somente se for também um teorema no sistema axiomático de dedução.

Com esta amostra, apresentamos a possibilidade de codificar a noção de demonstração de diferentes maneiras para um mesmo conjunto de fórmulas, de forma que os teoremas demonstrados nas diferentes codificações coincidam. A escolha de qual codificação utilizar depende das preferências e objetivos de quem estiver utilizando a lógica. Por exemplo, é comumente aceito que sistemas, como o de dedução natural apresentado na seção anterior, são apropriados para estudar propriedades das demonstrações, que são colocadas como o elemento central do sistema. Uma propriedade interessante, por exemplo, é se uma dada demonstração de um teorema é a mais curta possível (ou seja, a que utiliza o menor número de regras de dedução), o que traduz uma noção intuitiva de simplicidade: como as propriedades dos elementos da linguagem estão codificadas nas regras, o menor uso de regras indica que a demonstração usa essas propriedades de forma "mais econômica". Por outro lado, se o interesse é a construção de um programa para demonstrar teoremas, então sistemas, como o axiomático apresentado nesta seção, podem ser preferidos, pois o principal a ser implementado nesses programas são justamente as regras de dedução — que podem ser vistas como procedimentos para gerar novos sequentes a partir dos anteriormente encontrados ou fornecidos —, e, portanto, quanto menos regras mais fácil deve ser construir um programa.

Quanto à construção de programas para demonstrar teoremas, discussões mais detalhadas serão apresentadas na Seção 4.7 e no próximo capítulo.

EXERCÍCIO

4.12 Demonstrar os teoremas a seguir usando tanto o sistema de dedução natural como o axiomático de dedução:

- $\vdash (r_1(c) \vee r_2(c)) \to (r_2(c) \vee r_1(c))$;
- $\vdash \forall x((r_1(x) \vee r_2(x)) \to (r_2(x) \vee r_1(x)))$;
- $\vdash r_1(a) \to (r_1(b) \to (r_1(a) \wedge r_1(b)))$;
- $\vdash \forall x_1(\forall x_2(r_1(x_1) \to (r_1(x_2) \to r_1(x_1))))$;
- $\vdash \neg(r_1(a) \wedge \neg r_1(a))$;
- $\vdash (r_1(c) \to (r_2(c) \wedge r_3(c))) \to ((r_1(c) \to r_2(c)) \wedge (r_1(c) \to r_3(c)))$;
- $\vdash (\forall x_1(r_1(x_1) \to r_2(x_1))) \to (\forall x_2(r_1(x_2))) \to (\forall x_3(r_2(x_3)))$;
- $\vdash (\forall x_1(\forall x_2(r_1(x_2) \to r_2(x_1)))) \to (\exists x_3(r_1(x_3))) \to (\forall x_4(r_2(x_4)))$;
- $\vdash (\forall x_1(\neg r_1(x_1) \wedge r_2(x_1))) \to (\forall x_2(r_1(x_2) \to r_2(x_2)))$;
- $\vdash r(c) \to \forall x((x = c) \to r(x))$;
- $\vdash (\forall x_1(\exists x_2(r_1(x_1) \vee r_2(x_2)))) \to (\exists x_3(\forall x_4(r_1(x_4) \vee r_2(x_3))))$.

■ 4.6 Correção e completude

Voltemos agora ao Teorema 4.4.1 — *teorema da correção e completude* — enunciado no final da Seção 4.4:

O conjunto de sequentes que são teoremas coincide com o conjunto de sequentes que são verdadeiros.

Graças ao Teorema 4.5.2 — *da equivalência entre sistemas dedutivos* — tanto faz qual sistema dedutivo dentre os dois vistos neste capítulo adotemos para demonstrar o teorema da correção e completude. Podem ser encontradas na literatura demonstrações utilizando qualquer um dos dois sistemas, além de outros sistemas dedutivos que também são equivalentes a esses dois (usando a mesma noção de equivalência adotada no Teorema 4.5.2).

A demonstração divide-se em duas partes, que dão nome ao teorema e a esta seção. A primeira parte — *correção* — determina se todos os teoremas são verdadeiros. A segunda — *completude* — determina se existe pelo menos uma demonstração para cada um dos sequentes verdadeiros.

Teorema 4.6.1 [Correção do Sistema de Dedução Natural] Todo teorema é verdadeiro.

Demonstração: Da definição de teorema, depreendemos que um teorema é sempre um axioma ou o resultado da aplicação de uma regra de dedução em um teorema anterior (ou seja, a linha superior de uma regra de dedução em uma demonstração é sempre um teorema). Portanto, a demonstração desse teorema limita-se a evidenciar que todos os axiomas são verdadeiros, e que, assumindo por hipótese em cada regra que a linha superior é verdadeira, decorre que a linha inferior também é verdadeira.

Apresentaremos a demonstração para um axioma e para uma regra de dedução, e deixaremos os axiomas e regras de dedução restantes como exercício. Alertamos, entretanto, que este exercício é particularmente difícil.

Consideremos por exemplo o axioma $\varphi \vdash \varphi, \varphi \in \mathcal{F}(\Sigma^1)$. Para que este sequente seja verdadeiro, é preciso que $\mathcal{A}(\Sigma^1) \vDash \varphi[\gamma]$ ou então que $\mathcal{A}(\Sigma^1) \vDash \neg\varphi[\gamma]$ para qualquer sistema algébrico $\mathcal{A}(\Sigma^1)$ e qualquer interpretação de variáveis γ. Esta segunda condição é equivalente a exigir que não seja verdade que $\mathcal{A}(\Sigma^1) \vDash \varphi[\gamma]$. Portanto, o sequente é necessariamente verdadeiro, independentemente do sistema algébrico, da interpretação ou da estrutura de formação da fórmula φ.

Consideremos agora, como exemplo de regra, a regra 4:

$$\frac{\Gamma \vdash \varphi}{\Gamma \vdash \varphi \vee \psi}.$$

Assumindo que o sequente $\Gamma \vdash \varphi$ seja verdadeiro, então para cada sistema algébrico $\mathcal{A}(\Sigma^1)$ e para cada interpretação de variáveis γ, $\mathcal{A}(\Sigma^1) \vDash \varphi[\gamma]$, ou então $\mathcal{A}(\Sigma^1) \vDash \neg\psi[\gamma]$ para pelo menos uma fórmula ψ pertencente a Γ.

Para que o sequente $\Gamma \vdash \varphi \vee \psi$ seja verdadeiro, é preciso que para cada sistema algébrico $\mathcal{A}(\Sigma^1)$ e para cada interpretação de variáveis γ, $\mathcal{A}(\Sigma^1) \vDash (\varphi \vee \psi)[\gamma]$, ou então $\mathcal{A}(\Sigma^1) \vDash \neg \psi[\gamma]$ para pelo menos uma fórmula ψ pertencente a Γ. A segunda condição é garantida por hipótese; portanto, resta apenas verificar se para cada sistema algébrico $\mathcal{A}(\Sigma^1)$ e para cada interpretação de variáveis γ temos que $\mathcal{A}(\Sigma^1) \vDash (\varphi \vee \psi)[\gamma]$. Mas esta condição também é garantida pela hipótese.

EXERCÍCIO

4.13 (Desafio) Completar a demonstração acima para os axiomas e regras de dedução restantes.

Demonstraremos o resultado de completude para o sistema de dedução natural restrito aos sequentes de forma $\vdash \varphi$, onde φ é uma fórmula. Isto não restringe o resultado obtido, uma vez que o Teorema 5 — *da dedução* — garante que qualquer sequente pode ser reescrito dessa forma.

Teorema 4.6.2 [**Completude do Sistema de Dedução Natural**] Todo sequente da forma $\vdash \varphi$ que for verdadeiro é um teorema.

Apresentamos a seguir um esboço de demonstração para este teorema. Diversos detalhes não triviais são omitidos, embora indiquemos nas notas bibliográficas onde eles podem ser encontrados. O objetivo desta apresentação é exibir a estrutura geral da demonstração.

Demonstração: Precisamos de um conceito auxiliar. Uma lista de fórmulas Φ de uma assinatura Σ^1 é *inconsistente* se o sequente $\Gamma \vdash$ for um teorema e todas as fórmulas em Γ ocorrerem também em Φ. Caso contrário, Φ é uma lista *consistente*.

Vamos verificar se Φ ser consistente é condição suficiente para garantir que Φ tem pelo menos um modelo. O Teorema 4.3.1 — *da compacidade*

— garante que se Φ for localmente satisfazível, então Φ também será satisfazível. Portanto, para verificar se Φ tem um modelo, basta analisar as sublistas finitas de fórmulas $\hat{\Phi} = [\psi_1, ..., \psi_m] \subseteq \Phi$. Para cada sublista $\hat{\Phi}$, consideremos $\hat{\Sigma}^1 = [\hat{R}^1, \hat{C}, \hat{F}^1, ..., \hat{F}^N], N < \infty$ como a assinatura restrita aos símbolos que ocorrem em $\hat{\Phi}$, que também é necessariamente finita.

Um resultado cuja demonstração não detalharemos aqui é que se $\hat{\Phi}$ tiver pelo menos um modelo, então a sentença $\exists x_1(\exists x_2(...\exists x_n(\psi_1 \wedge ... \wedge \psi_m)...)$ será verdadeira, onde $\bigcup_{i=1}^{m} L(\psi_i) = \{x_1, ..., x_n\}$.

Seja $D = \{d_1, d_2, ...\}$ um conjunto de constantes distintas duas a duas, tal que $D \cap \hat{C} = \emptyset$. Seja $\hat{\Sigma}^1_D = [\hat{R}^1, \hat{C} \cup D, \hat{F}^1, ..., \hat{F}^N], N < \infty$, e seja $\{\xi_0, \xi_1, \xi_2, ...\}$ o conjunto de sentenças da assinatura $\hat{\Sigma}^1_D$.

Seja agora uma coleção de conjuntos de sentenças de $\hat{\Sigma}^1_D$ construída da seguinte forma. A coleção é denotada como $\Phi_0, \Phi_1, ...$:

- $\Phi_0 = \hat{\Phi}$. Como Φ é consistente, depreende-se que Φ_0 também é;
- se $\Phi_n \cup \{\xi_n\}$ for inconsistente, então $\Phi_{n+1} = \Phi_n \cup \{\neg \xi_n\}$;
- se $\Phi_n \cup \{\xi_n\}$ for consistente e ξ_n não for da forma $\exists x(\xi'_n)$, então
  $\Phi_{n+1} = \Phi_n \cup \{\xi_n\}$;
- se $\Phi_n \cup \{\xi_n\}$ for consistente e ξ_n for da forma $\exists x(\xi'_n)$, então
  $\Phi_{n+1} = \Phi_n \cup \{\xi_n, \xi'_n[x := d_k]\}$, onde $d_k \in D$ e k são o menor índice tal que d_k não ocorre em $\Phi_n \cup \{\xi_n\}$;

Seja agora $\overline{\Phi} = \bigcup_{i=0,1,...} \Phi_i$. Considerando todas as sentenças da forma $(d_i = d_j) \in \overline{\Phi}, d_i, d_j \in D$, pode ser observado que essas sentenças organizam o conjunto D em classes de equivalência (isto decorre das propriedades do símbolo de igualdade apresentadas na Seção 4.4). De cada classe de equivalência, denotamos como $\tilde{d}$ um representante escolhido arbitrariamente.

Finalmente, seja o sistema algébrico $\tilde{\mathcal{A}}(\Sigma^1) = [\tilde{A}, \tilde{v}^{\tilde{\mathcal{A}}(\Sigma^1)}]$ da assinatura Σ^1_D, tal que:

- $\tilde{A} = \{\tilde{d} : d \in D\}$;
- $\tilde{v}^{\tilde{\mathcal{A}}(\Sigma^1)}(d) = \tilde{d}, d \in D$;

- $\tilde{d} \in \tilde{v}^{\mathcal{A}(\Sigma^1)}(r), r \in \hat{R}^1$ sse $r(d) \in \overline{\Phi}$;

- se $\hat{f}^j \in \hat{F}^j$, então $\tilde{v}^{\mathcal{A}(\Sigma^1)}(\hat{f}^j)(\tilde{d}_1,...,\tilde{d}_j) = \tilde{d}$ sse $(\hat{f}^j(d_1,...,d_n) = d) \in \overline{\Phi}$.

Pode ser demonstrado que este sistema algébrico é um modelo de $\overline{\Phi}$. Como $\hat{\Phi} \subseteq \overline{\Phi}$, este sistema também é um modelo de $\hat{\Phi}$. Portanto, $\hat{\Phi}$ é satisfazível.

Como este resultado não requer qualquer propriedade específica a respeito de $\hat{\Phi}$, ele vale para qualquer sublista finita de fórmulas de Φ. Portanto, Φ é localmente satisfazível e, assim, também é satisfazível.

Ou seja, se Φ for consistente, então Φ também será satisfazível. Em outras palavras, se Φ for *insatisfazível*, então Φ será necessariamente *inconsistente*.

Consideremos agora o sequente $\vdash \varphi$. Se a fórmula φ for verdadeira, então a fórmula $\neg \varphi$ será insatisfazível. Pelo resultado anterior, essa fórmula será inconsistente, ou seja, existirá uma demonstração de $\neg \varphi \vdash$. Usando a regra (9) do sistema de dedução natural, decorre de imediato que existirá também uma demonstração de $\vdash \varphi$, que é o resultado desejado.

EXERCÍCIO

4.14 **(Desafio)** Pesquisar na literatura especializada e completar os detalhes das demonstrações desta seção.

4.7 Decidibilidade e complexidade

Até aqui o fato de termos restringido a lógica aos predicados monádicos não tinha sido explorado. O motivo apresentado para esta restrição tinha sido o fato que, mesmo assim, essa lógica já é bem mais expressiva que a lógica proposicional, permitindo a caracterização de diversos problemas interessantes para cientistas de computação (como, por exemplo, algumas teorias simples de tipos).

Nesta seção apresentaremos um resultado interessante, que será complementado no próximo capítulo: a satisfazibilidade de sentenças na lógica de predicados monádicos é decidível — ou seja, podemos construir um programa de computador que, dada uma sentença nesta lógica, responde *SIM* se a sentença for satisfazível ou *NÃO* em caso contrário — mas, se quisermos tornar essa lógica "apenas um pouquinho" mais expressiva, acrescentando a ela predicados poliádicos, a satisfazibilidade se tornará indecidível — ou seja, passa a ser impossível construir um programa como este.

Existe um preço a pagar, entretanto, pela maior expressividade da lógica de predicados monádicos em comparação com a lógica proposicional, que é a complexidade computacional associada ao problema da satisfazibilidade nesta lógica. A lógica vista neste capítulo é uma extensão da proposicional; portanto, não é surpreendente que o problema da satisfazibilidade para esta lógica também seja NP-completo. A sua complexidade, entretanto, é significativamente maior que no caso da lógica proposicional, ou seja, além de os recursos computacionais requeridos para resolver o problema da satisfazibilidade crescerem exponencialmente com uma medida de complexidade da sentença analisada, eles crescem com uma velocidade muito maior que no caso da lógica proposicional.

Rigorosamente falando, é preciso restringir um pouco mais a lógica de predicados monádicos para que a satisfazibilidade se torne decidível. Denominamos assinatura de predicados monádicos *pura* a assinatura

$$\Sigma_P^1 = [R^1, C, F^1, F^2, \ldots, F^N], N < \infty$$

em que $C = F^1 = \ldots = F^N = \emptyset$.

Neste caso, o conjunto de termos $T(\Sigma_P^1)$ coincide com o conjunto de variáveis $V = \{x_1, x_2, \ldots\}$.

Uma sentença $\varphi \in \mathcal{F}(\Sigma_P^1)$ necessariamente enquadra-se em uma das seguintes categorias:

- φ é *verdadeira*, ou seja, $\mathcal{A}(\Sigma_P^1) \vdash \varphi$ em qualquer sistema algébrico $\mathcal{A}(\Sigma_P^1)$. Neste caso, pelo teorema da completude, existe a garantia de que $\vdash \varphi$ é um teorema;

- φ é *falsa*, ou seja, para nenhum sistema algébrico $\mathcal{A}(\Sigma_P^1)$ temos que $\mathcal{A}(\Sigma_P^1) \vDash \varphi$. Neste caso, também pelo teorema da completude, existe a garantia de que $\vdash \neg\varphi$ é um teorema; ou
- φ é *satisfazível*, ou seja, existem sistemas algébricos $\mathcal{A}(\Sigma_P^1)$ tais que $\mathcal{A}(\Sigma_P^1) \vDash \varphi$, mas também existem $\mathcal{A}'(\Sigma_P^1)$ para os quais não temos que $\mathcal{A}'(\Sigma_P^1) \vDash \varphi$. Neste caso, não temos como teorema $\vdash \varphi$ nem $\vdash \neg\varphi$. O problema é detectar esta situação e saber que não vale a pena continuar tentando demonstrar um desses sequentes.

Suponha que tenhamos a garantia de que, se uma sentença φ tiver um ou mais modelos, ela necessariamente terá pelo menos um cuja cardinalidade será menor que ou igual a um valor conhecido m. Neste caso, podemos gerar todos os sistemas algébricos $\mathcal{A}_i(\Sigma_P^1) = [A_P, v_P^{\mathcal{A}_i(\Sigma_P^1)}]$ tais que $|\mathcal{A}_i(\Sigma_P^1)| \leq m$ e verificar se $\mathcal{A}_i(\Sigma_P^1) \vDash \varphi$ para algum $\mathcal{A}_i(\Sigma_P^1)$. Esta garantia, portanto, nos permitiria afirmar que a satisfazibilidade dessa lógica é decidível, bem como determinaria o tamanho do espaço de busca para determinar se φ é satisfazível. Esse espaço de busca corresponderia a todas as possibilidades de colocação dos elementos de A_P em cada um dos conjuntos $v_P^{\mathcal{A}_i(\Sigma_P^1)}(r_i), r_i$ ocorrendo em φ, ou seja, 2^m.

Este resultado de fato já foi demonstrado. Apresentamos a seguir a construção desses sistemas algébricos, mas omitimos a demonstração que, se φ tiver um modelo, então φ terá pelo menos um modelo $\mathcal{A}_i(\Sigma_P^1) = [A_P, v_P^{\mathcal{A}_i(\Sigma_P^1)}]$ tal que $|\mathcal{A}_i(\Sigma_P^1)| \leq m$.

Suponha que os predicados que ocorrem em φ sejam $r_1^1, ..., r_k^1$, e que as variáveis que ocorrem em φ sejam $x_1, ..., x_r$. Por hipótese, φ tem pelo menos um modelo. Suponhamos que $\mathcal{B}(\Sigma_P^1) = [B, v^{\mathcal{B}(\Sigma_P^1)}]$ seja um modelo de φ (em que B não seja necessariamente um conjunto finito).

Para cada $b \in B$, seja $\iota(b) = [\iota_1, ..., \iota_k]$, em que cada $\iota_i \in \{T, \bot\}$ indica o seguinte: se $\iota_i = T$, então $b \in v^{\mathcal{B}(\Sigma_P^1)}(r_i^1)$, e se $\iota_i = \bot$, então $b \notin v^{\mathcal{B}(\Sigma_P^1)}(r_i^1)$. Independente da cardinalidade de B, existem no máximo 2^k tuplas distintas da forma $[\iota_1, ..., \iota_k]$.

Agrupemos os elementos de B em 2^k classes de equivalência da seguinte forma: b_i e $b_j \in B$ pertencerão à mesma classe de equivalência se $\iota(b_i) = \iota(b_j)$. Selecionemos agora, de cada classe de equivalência, s elementos arbitrários, onde $s = min\{r,$ cardinalidade da classe de equivalência$\}$. Denotemos o conjunto de elementos selecionados como D. A cardinalidade de D é $|D|\leq 2^k \times r$. Seja agora o sistema algébrico $\mathcal{D}(\Sigma_P^1) = [D, \nu^{\mathcal{D}(\Sigma_P^1)}]$, onde $d \in \nu^{\mathcal{D}(\Sigma_P^1)}(r_i^1)$ se e somente se $d \in \nu^{\mathcal{B}(\Sigma_P^1)}(r_i^1), d \in D, i = 1, ..., k$.

Pode ser demonstrado que $\mathcal{D}(\Sigma_P^1)$ é modelo de φ. Portanto, dada uma sentença $\varphi \in \mathcal{F}(\Sigma_P^1)$ com k predicados e r variáveis, a verificação de satisfazibilidade requer a inspeção de todos os possíveis sistemas algébricos construídos como $\mathcal{D}(\Sigma_P^1)$, o que no pior caso significa inspecionar $2^{2^k \times r}$ sistemas algébricos.

Conforme prometido, obtivemos, dessa forma, que o problema da satisfazibilidade para a lógica de predicados monádicos com assinatura *pura* é decidível. Entretanto, conforme também previsto, sua complexidade computacional é alta. Para ilustrar o quanto mais de trabalho pode ser necessário para verificar a satisfazibilidade de uma sentença nessa lógica, em comparação com a lógica proposicional, consideremos a seguinte sentença proposicional:

$$((p_1 \vee p_2) \wedge p_3) \to (p_4 \vee \neg p_5).$$

O conjunto de valorações que precisam ser inspecionadas para verificar a satisfazibilidade desta sentença tem cardinalidade $2^5 = 32$.

Consideremos agora a seguinte sentença com predicados monádicos de uma assinatura pura:

$$(\forall x_1 (\exists x_2 (\forall x_3 ((p_1(x_1) \vee p_2(x_2)) \wedge p_3(x_3))))) \to (\exists x_4 (\forall x_5 (p_4(x_4) \vee \neg p_5(x_5)))).$$

O conjunto de sistemas algébricos que precisam ser inspecionados para verificar a satisfazibilidade desta sentença tem cardinalidade $2^{2^5 \times 5}$ = aproximadamente $1,46 \times 10^{48}$.

■ 4.8 Notas bibliográficas

Existem muitos bons livros introdutórios que apresentam a lógica de predicados de forma dirigida a matemáticos. Dentre esses, destacamos os livros de Shoenfield (2001) e de Mendelson (1987). Um livro-texto excelente sobre este mesmo assunto e com o mesmo enfoque é o de Ershov e Paliutin (1990), já mencionado ao longo do capítulo. Infelizmente, com o encerramento das atividades da editora Mir, este livro se tornou um tanto difícil de encontrar.

Os resultados de decidibilidade e de complexidade do problema da satisfazibilidade para a lógica de predicados monádicos com assinatura pura podem ser encontrados no livro de Boolos e Jeffrey (1989). Um texto introdutório e bastante acessível sobre decidibilidade é o livro de Epstein e Carnielli (2000).

Capítulo 5

Lógica de predicados poliádicos

■ 5.1 Introdução

Vamos retomar um dos exemplos de motivação apresentados no capítulo anterior, Seção 4.1. Consideremos a sentença "o filho de qualquer pessoa que pratica esportes tem boa saúde". Já utilizando a notação da lógica de predicados monádicos, se a função unária $f^1: T(\Sigma^1) \to T(\Sigma^1)$ denotar a relação "filho de", os predicados r_1^1 denotar "pratica esportes" e o r_2^1 "tem boa saúde", podemos escrever

- $\forall x(r_1^1(x) \to r_2^1(f^1(x)))$.

Está implícito nesta sentença que ninguém pode ter mais de um filho, caso contrário a relação f^1 deixaria de ser uma função. Para que admitamos a condição de alguém ter vários filhos, poderíamos transformar a função f^1 em uma relação $r^2 \subseteq T(\Sigma^1)^2$, para então escrever

- $\forall x_1(\forall x_2((r_1^1(x_1) \land r^2(x_1, x_2)) \to r_2^1(x_2))$.

O problema é que agora precisamos de um predicado *diádico*, que está além da linguagem vista no capítulo anterior.

Os predicados monádicos caracterizam atributos associados a termos individuais, e os predicados poliádicos (diádicos, triádicos etc.) caracterizam relações entre os termos. Por este motivo, frequentemente a lógica de predicados monádicos é denominada *lógica de atributos*, e a de predicados poliádicos, *lógica de relações*.

A alteração requerida na lógica para passar da linguagem de predicados monádicos para a de predicados poliádicos é pequena: basta admitirmos na linguagem esses novos predicados. O poder expressivo da linguagem, entretanto, é drasticamente ampliado. Embora a maioria dos resultados do capítulo anterior seja preservado no caso dos predicados poliádicos, o aumento da expressividade se manifesta vigorosamente na alteração dos resultados atingíveis de decidibilidade e complexidade.

Nas próximas seções apresentaremos as alterações decorrentes da inclusão dos predicados poliádicos. Na medida do possível, replicaremos neste capítulo a estrutura de seções do capítulo anterior, para facilitar a comparação entre as duas lógicas.

5.2 A linguagem de predicados poliádicos

Apresentamos aqui a formalização da lógica de predicados poliádicos. A única alteração com relação à lógica de predicados monádicos é a substituição do conjunto $R^1 = \{r_1, r_2, ...\}$ — o conjunto de predicados monádicos — pelos conjuntos $R^i = \{r_1^i, r_2^i, ...\}$ de *predicados i-ádicos*, ou seja, predicados com i argumentos, $i \geq 1$. Cada um desses conjuntos pode ser vazio, finito ou infinito.

Uma *assinatura* é uma tupla específica

$$\Sigma = [R^1, R^2, ..., R^M, C, F^1, F^2, ..., F^N], M, N < \infty.$$

O conjunto de termos $T(\Sigma)$ da lógica de predicados poliádicos é definido exatamente da mesma maneira que o conjunto $T(\Sigma^1)$ do capítulo anterior.

O conjunto $F(\Sigma)$ de fórmulas da assinatura Σ é definido indutivamente como o menor conjunto que atenda às seguintes condições:

- se $t_1, ..., t_j \in T(\Sigma)$ e $r_i^j \in R^j$, então $r_i^j(t_1, ..., t_j) \in F(\Sigma)$;

- se $t_1, t_2 \in T(\Sigma)$, então $t_1 = t_2 \in F(\Sigma)$;

Esses dois tipos de fórmulas são denominadas *fórmulas elementares*.

- se $\varphi, \psi \in F(\Sigma)$, então $\neg\varphi, \varphi \wedge \psi, \varphi \vee \psi, \varphi \rightarrow \psi \in F(\Sigma)$;
- se $\varphi \in F(\Sigma)$ e $x \in V$, então $\forall x(\varphi), \exists x(\varphi) \in F(\Sigma)$.

O conjunto de *variáveis livres* de uma fórmula φ, denotado como $L(\varphi)$, passa a ser definido assim:

- se $\varphi = r^j(t_1, ..., t_j), r^j \in R^j, t_1, ..., t_j \in T(\Sigma)$, então $L(\varphi)$ é o conjunto de todas as variáveis ocorrendo em $t_1, ..., t_j$;
- se $\varphi = (t_1 = t_2), t_1, t_2 \in T(\Sigma)$, então $L(\varphi)$ é o conjunto de todas as variáveis ocorrendo em t_1 e t_2;
- se $\varphi = \neg \psi$, então $L(\varphi) = L(\psi)$;
- se $\varphi = \xi \vee \psi, \xi \wedge \psi$ ou $\xi \rightarrow \psi$, então $L(\varphi) = L(\xi) \cup L(\psi)$;
- se $\varphi = \forall x(\psi)$ ou $\exists x(\psi), x \in V$, então $L(\varphi) = L(\psi) - \{x\}$.

■ 5.3 Semântica

Um par $\mathcal{A}(\Sigma) = [A, \nu^{\mathcal{A}(\Sigma)}]$ é um *sistema algébrico da assinatura* Σ se as seguintes condições forem observadas:
- $A \neq \emptyset$ é denominado o *portador* do sistema algébrico;
- $\nu^{\mathcal{A}(\Sigma)}$ mapeia os elementos dos conjuntos de Σ em relações e funções sobre o conjunto $\mathcal{A}$, e é denominada a *interpretação* de Σ em A;
- se $r_i^j \in R^j$, então $\nu^{\mathcal{A}(\Sigma)}(r_i^j) \subseteq A^j = \overbrace{A \times ... \times A}^{j \text{ vezes}}$;
- se $c_i \in C$, então $\nu^{\mathcal{A}(\Sigma)}(c_i) \in A$;
- se $f_i^j \in F^j$, então existe uma função $\nu^{\mathcal{A}(\Sigma)}(f_i^j) : A^j \rightarrow A$.

As definições de interpretação de um conjunto de variáveis $\gamma : X \rightarrow A$ e de valor de um termo $t \in T(\Sigma)$ em um sistema algébrico $\mathcal{A}(\Sigma)$ para uma interpretação γ permanecem inalteradas.

Podemos definir agora quando uma fórmula $\varphi \in F(\Sigma)$ em um sistema algébrico $\mathcal{A}(\Sigma)$ para uma interpretação γ é *verdadeira* (denotado como $\mathcal{A}(\Sigma) \vDash \varphi[\gamma]$). Para que φ seja verdadeira em $\mathcal{A}(\Sigma)$ para γ, é preciso que ocorra o seguinte:

- se $\varphi = r^j(t_1,...,t_j) \in F(\Sigma)$, então $\mathcal{A}(\Sigma) \vDash \varphi[\gamma]$ é equivalente a $[t_1^{\mathcal{A}(\Sigma)}[\gamma],...,t_j^{\mathcal{A}(\Sigma)}[\gamma]] \in \nu^{\mathcal{A}(\Sigma)}(r^j)$;

- se $\varphi = (t_1 = t_2), t_1, t_2 \in T(\Sigma)$, então $\mathcal{A}(\Sigma) \vDash \varphi[\gamma]$ é equivalente a $t_1^{\mathcal{A}(\Sigma)}[\gamma] = t_2^{\mathcal{A}(\Sigma)}[\gamma]$;

- se $\varphi = \neg \psi, \psi \in F(\Sigma)$, então $\mathcal{A}(\Sigma) \vDash \varphi[\gamma]$ sse não for verdade que $\mathcal{A}(\Sigma) \vDash \psi[\gamma]$;

- se $\varphi = \psi \vee \xi, \psi, \xi \in F(\Sigma)$, então $\mathcal{A}(\Sigma) \vDash \varphi[\gamma]$ sse $\mathcal{A}(\Sigma) \vDash \psi[\gamma]$ ou $\mathcal{A}(\Sigma) \vDash \xi[\gamma]$;

- se $\varphi = \psi \wedge \xi, \psi, \xi \in F(\Sigma)$, então $\mathcal{A}(\Sigma) \vDash \varphi[\gamma]$ sse $\mathcal{A}(\Sigma) \vDash \psi[\gamma]$ e $\mathcal{A}(\Sigma) \vDash \xi[\gamma]$;

- se $\varphi = \psi \rightarrow \xi, \psi, \xi \in F(\Sigma)$, então $\mathcal{A}(\Sigma) \vDash \varphi[\gamma]$ sse caso $\mathcal{A}(\Sigma) \vDash \psi[\gamma]$, então necessariamente também $\mathcal{A}(\Sigma) \vDash \xi[\gamma]$;

- se $\varphi = \exists x(\psi), \psi \in F(\Sigma)$, então $\mathcal{A}(\Sigma) \vDash \varphi[\gamma]$ sse existir pelo menos uma interpretação de variáveis $\gamma_1 : X_1 \rightarrow A$ tal que $x \in X_1, \gamma_1 \uparrow L(\varphi) = \gamma \uparrow L(\varphi)$ e $\mathcal{A}(\Sigma) \vDash \psi[\gamma_1]$;

- se $\varphi = \forall x(\psi), \psi \in F(\Sigma)$, então $\mathcal{A}(\Sigma) \vDash \varphi[\gamma]$ sse para qualquer interpretação de variáveis $\gamma_i : X_i \rightarrow A$ tal que $x \in X_i$ e $\gamma_i \uparrow L(\varphi) = \gamma \uparrow L(\varphi)$, tivermos que $\mathcal{A}(\Sigma) \vDash \psi[\gamma_i]$.

EXERCÍCIOS

5.1 Considere a assinatura $\Sigma^1 = [R^1, R^2, C, F^1, F^2]$, onde:

- $R^1 = \{r^1\}$;
- $R^2 = \{r^2\}$;
- $C = \{a, b, c\}$;
- $F^1 = \{f^1\}$;
- $F^2 = \{f^2\}$.

Considere também os seguintes sistemas algébricos:

- $\mathcal{A}_1(\Sigma) = [A_1, v^{\mathcal{A}_1(\Sigma)}]$;
  - $A_1 = \{1, 2\}$
  - $v^{\mathcal{A}_1(\Sigma)}(r^1) = \{1\}$
  - $v^{\mathcal{A}_1(\Sigma)}(r^2) = \{[1, 2]\}$
  - $v^{\mathcal{A}_1(\Sigma)}(a) = v^{\mathcal{A}_1(\Sigma)}(b)$
  - $v^{\mathcal{A}_1(\Sigma)}(c) = 2$
  - $v^{\mathcal{A}_1(\Sigma)}(f^1) = f : A_1 \to A_1, f(x) = 1$
  - $v^{\mathcal{A}_1(\Sigma)}(f^2) = g : A_1 \times A_1 \to A_1, g(x, y) = y$;
- $\mathcal{A}_2(\Sigma) = [A_2, v^{\mathcal{A}_2(\Sigma)}]$;
  - $A_2 = \{1, 2, 3, \ldots\}$
  - $v^{\mathcal{A}_2(\Sigma)}(r^1) = \{1, 3, 5, \ldots\}$
  - $v^{\mathcal{A}_2(\Sigma)}(r^2) = \{[1,2], [3,4], [5,6], \ldots\}$
  - $v^{\mathcal{A}_2(\Sigma)}(a) = 1$
  - $v^{\mathcal{A}_2(\Sigma)}(b) = 2$
  - $v^{\mathcal{A}_2(\Sigma)}(c) = 3$

- $v^{A_2(\Sigma)}(f^1) = f : A_2 \to A_2, f(x) = x+1$
- $v^{A_2(\Sigma)}(f^2) = g : A_2 \times A_2 \to A_2, g(x,y) = x+y$

Verifique para as sentenças φ_i abaixo se $\mathcal{A}_1(\Sigma) \vDash \varphi_i$ e $\mathcal{A}_2(\Sigma) \vDash \varphi_i$:

- $\forall x_1 (\exists x_2 (\exists x_3 (r^2(x_1,x_2) \to (r^1(x_2) \land r^1(x_3) \land (x_1 = f^2(x_2,x_3))))))$;
- $\forall x_1 (\exists x_2 (r^2(x_1,x_2) \to (r^1(x_2) \land \land (x_1 = f^2(x_2,a)))))$;
- $\forall x_1 (\exists x_2 (r^2(x_1,x_2) \to (r^1(x_2) \land \land (x_1 = f^2(x_2,c)))))$;
- $\exists x_1 (\exists x_2 (r^2(x_1,x_2) \to (r^1(x_2) \land \land (x_1 = f^2(x_2,c)))))$;
- $\forall x (r^1(x))$;
- $\forall x (r^2(x,x) \to r^2(x,x))$;
- $\exists x (r^2(f^1(x), f^2(x,x)) \to r^2(x,x))$;
- $\forall x (r^2(f^1(x),x) \to r^1(x))$;
- $\forall x (\neg (r^2(f^1(x),x) \to r^1(x)))$;
- $\neg \forall x (r^2(f^1(x),x) \to r^1(x))$.

5.2 Para cada uma das sentenças do exercício anterior, construa (se possível) um sistema algébrico $\mathcal{A}_j(\Sigma)$ tal que não seja verdade que $\mathcal{A}_j(\Sigma) \vDash \varphi_i$.

5.3 (**Desafio**) Demonstre que existe um algoritmo que, para qualquer sentença φ, permite determinar em um número finito de passos se $\vDash_n \varphi$ para qualquer $n, 0 < n < \infty$. Ou seja, demonstre que o resultado obtido no exercício 4.6 da Seção 4.3 independe da restrição da lógica apenas a predicados monádicos.

O Teorema 4.3.1 — *da compacidade* — também independe da presença de predicados que não sejam monádicos. Portanto, ele também é válido na lógica de predicados poliádicos.

5.4 Dedução Natural

Não detalharemos nenhum aspecto dos sistemas dedutivos já vistos no capítulo anterior para a lógica de predicados poliádicos, pois tudo o que foi apresentado nas Seções 4.4 e 4.5 independe da restrição aos predicados monádicos, e portanto continua válido para os predicados poliádicos.

Continuam valendo, portanto, para o sistema de Dedução Natural:

- o conceito de *substituição* de variáveis;
- o conceito de *sequente*;
- os *axiomas* do sistema de dedução natural;
- todas as 16 *regras de dedução*;
- o conceito de *demonstração* de um sequente;
- o conceito de *verdade* relativa a um sistema algébrico; e
- o Teorema 4.4.1 — *da correção e completude*. Para verificar esta última afirmativa, basta acompanhar a estratégia de demonstração deste Teorema — delineada na Seção 4.6 — e verificar que em nenhum ponto daquela demonstração foi obtido algum resultado dependente do fato de os predicados tratados serem todos monádicos.

5.5 Axiomatização

Da mesma forma, continuam também valendo para o sistema axiomático de dedução:

- o Teorema 4.5.1 — *da dedução*;
- os 14 *axiomas* e as três *regras de dedução*; e
- o Teorema 4.5.2 — *da equivalência entre sistemas dedutivos*.

5.6 Tableaux Analíticos

O método de Tableaux Analíticos apresentado na Seção 2.4 pode ser estendido para a lógica de predicados. Para isto, acrescentamos mais dois tipos de fórmulas marcadas, além dos tipos já existentes α e β. Eles são os tipos γ e δ, apresentados respectivamente nas Figuras 5.1 e 5.2.

γ	γ_1
T $\forall x(A)$	T $A[x := a]$
F $\exists x(A)$	F $A[x := a]$

onde a é uma constante arbitrária.

FIGURA 5.1 Fórmulas do tipo γ

δ	δ_1
F $\forall x(A)$	F $A[x := a]$
T $\exists x(A)$	T $A[x := a]$

onde a é uma constante arbitrária *que não ocorre em A*.

FIGURA 5.2 Fórmulas do tipo δ

As regras de expansão são bastante simples:

Expansão γ: Se um ramo do tableau contém uma fórmula do tipo γ, adiciona-se γ_1 ao fim de todos os ramos que contêm γ.

$$\frac{\gamma}{\gamma_1}$$

Expansão δ Se um ramo do tableau contém uma fórmula do tipo δ, adiciona-se γ_1 ao fim de todos os ramos que contêm γ.

$$\frac{\delta}{\delta_1}$$

Todos os procedimentos para demonstração usando tableaux analíticos permanecem idênticos ao apresentado na Seção 2.4.

Exemplo 5.6.1 Vamos provar, usando um tableau analítico, que

$\forall x(r_1(x) \to r_2(x)) \vdash (\forall x(r_1(x))) \to (\forall x(r_2(x))):$

Lógica de predicados poliádicos | 151

$$
\begin{array}{c}
\text{T} \quad \forall x(r_1(x) \to r_2(x)) \\
\text{F} \quad \vdash (\forall x(r_1(x))) \to (\forall x(r_2(x))) \\
\text{T} \quad (\forall x(r_1(x))) \\
\text{F} \quad (\forall x(r_2(x))) \\
\text{F} \quad r_2(a) \\
\text{T} \quad r_1(a) \\
\text{T} \quad r_1(a) \to r_2(a) \\
\diagup \quad \diagdown \\
\text{F} \quad r_1(a) \quad \text{T} \quad r_2(a) \\
\times \qquad\quad \times
\end{array}
$$

EXERCÍCIO

5.4 Construa demonstrações para os sequentes abaixo, usando o método dos tableaux analíticos:

- $\forall x(r_1(x) \vee r_2(x)) \vdash \forall x(r_2(x) \vee r_1(x))$;
- $r_1(a), r_1(b) \vdash r_1(a) \wedge r_1(b)$;
- $\vdash \forall x_1(\forall x_2(r_1(x_1) \to (r_1(x_2) \to r_1(x_1))))$;
- $r_1(a) \wedge \neg r_1(a) \vdash$;
- $\vdash (r_1(c) \vee r_2(c)) \to (r_2(c) \vee r_1(c))$;
- $\vdash \forall x((r_1(x) \vee r_2(x)) \to (r_2(x) \vee r_1(x)))$;
- $\vdash r_1(a) \to (r_1(b) \to (r_1(a) \wedge r_1(b)))$;
- $\vdash \forall x_1(\forall x_2(r_1(x_1) \to (r_1(x_2) \to r_1(x_1))))$;
- $\vdash \neg(r_1(a) \wedge \neg r_1(a))$;
- $\vdash (r_1(c) \to (r_2(c) \wedge r_3(c))) \to ((r_1(c) \to r_2(c)) \wedge (r_1(c) \to r_3(c)))$;
- $\vdash (\forall x_1(r_1(x_1) \to r_2(x_1))) \to (\forall x_2(r_1(x_2))) \to (\forall x_3(r_2(x_3)))$;
- $\vdash (\forall x_1(\forall x_2(r_1(x_2) \to r_2(x_1)))) \to (\exists x_3(r_1(x_3))) \to (\forall x_4(r_2(x_4)))$;
- $\vdash (\forall x_1(\neg r_1(x_1) \wedge r_2(x_1))) \to (\forall x_2(r_1(x_2) \to r_2(x_2)))$;
- $\vdash r(c) \to \forall x((x = c) \to r(x))$;
- $\vdash (\forall x_1(\exists x_2(r_1(x_1) \vee r_2(x_2)))) \to (\exists x_3(\forall x_4(r_1(x_4) \vee r_2(x_3))))$.

5.7 Decidibilidade e complexidade

Na Seção 4.7 apresentamos que a satisfatibilidade de sentenças na lógica de predicados monádicos com assinatura pura é decidível, porém tem complexidade computacional muito alta. Ou seja, podemos construir um programa de computador que, dada uma sentença nessa lógica, sempre responde *SIM* se a sentença for satisfazível, ou *NÃO* caso contrário; entretanto, este programa pode demorar muitíssimo para gerar esta resposta em alguns casos.

Nesta seção apresentaremos um resultado interessante, relativamente surpreendente e um tanto incômodo: a satisfatibilidade de sentenças na lógica de predicados poliádicos é *in*decidível. Ou seja, *não existe* um algoritmo capaz de, dada qualquer sentença nesta lógica, sempre responder *SIM* se a sentença for satisfazível ou *NÃO* caso contrário.

Para apresentar este resultado com os detalhes técnicos necessários, precisaríamos de uma sequência de conceitos auxiliares. Esses conceitos são, em si, de grande interesse para estudos mais aprofundados tanto de teoria da computação como de lógica matemática. Entretanto, são mais complexos e abstratos que as técnicas e conceitos vistos neste livro, e consideramos que seu estudo foge do escopo aqui pretendido. Na seção de Notas bibliográficas indicamos referências adicionais nas quais esses detalhes podem ser encontrados.

Em vez disso, apresentamos um exemplo significativamente mais simples de demonstração de existência de funções indecidíveis. Com este exemplo pretendemos ilustrar algumas técnicas e o grau de abstração necessário para demonstrações desta natureza. Um fator matemático que contribui para o alto grau de abstração requerido é que o resultado pretendido é a demonstração da inexistência de algo (no caso, de um procedimento efetivo para obter um resultado); portanto, ao final da demonstração, nenhum objeto concreto é exibido.

Uma *função característica* de números naturais é $f : \mathbb{N} \rightarrow \{\bot, \top\}$, onde $\mathbb{N}$ é o conjunto de números naturais. Dentre as diferentes funções características existentes, algumas são decidíveis e outras indecidíveis. A seguir, demonstraremos a indecidibilidade do problema de decidir se uma função característica é ou não decidível.[1]

A demonstração será efetuada por *redução ao absurdo*: assumiremos, por hipótese, que o problema é decidível e mostraremos como esta hipótese leva a uma contradição. Consideramos por hipótese, portanto, que exista um procedi-

---

[1] Este é um "metaproblema de decidibilidade", por assim dizer.

mento (que poderia ser traduzido em um programa de computador) que receba qualquer função característica e responda se ela é ou não decidível. Em outras palavras, o procedimento indica se vale a pena tentar traduzir a função característica apresentada em um programa ou se esta seria uma causa perdida.

O conjunto de funções características é enumerável e pode ser ordenado segundo algum critério (por exemplo, segundo a ordem lexicográfica dos nomes dados às funções). Considerando esta ordenação e a existência do procedimento que responde se uma função característica é decidível, podemos computar qual é a n-ésima função característica decidível. Para isto, basta testar as funções características uma a uma, obedecendo sua ordenação, e contar as funções decidíveis encontradas.

Supondo que seja possível efetuar este teste e que as funções características decidíveis encontradas sejam denotadas, na ordem, como $d_0, d_1, \ldots$, poderemos construir a seguinte função $g : \mathbb{N} \to \{\bot, \top\}$:

- $g(i) = \begin{cases} \bot & se\ d_i(i) = \top \\ \top & se\ d_i(i) = \bot \end{cases}$

Evidentemente, a própria função g é uma função característica decidível. Portanto, existe um índice k tal que $g = d_k$. O valor de $g(k)$, entretanto, é contraditório:

- $g(k) = \begin{cases} \bot & se\ d_k(k) = g(k) = \top \\ \top & se\ d_k(k) = g(k) = \bot \end{cases}$

Portanto, não é possível construir o procedimento que gera a sequência de funções características decidíveis $d_0, d_1, \ldots$. Em outras palavras, a determinação de se qualquer função característica é ou não decidível é um problema indecidível.

A estratégia usada para demonstrar a indecidibilidade da satisfatibilidade para a lógica de predicados poliádicos é similar à da demonstração que acabamos de apresentar. A demonstração propriamente dita, entretanto, é bastante mais complicada.

> **EXERCÍCIO**
>
> 5.5 (**Desafio**) (Extraído de Davis, 1958) Considere as funções de uma variável para os números naturais $f: \mathbb{N} \to \mathbb{N}$ — Demonstre que a determinação de se qualquer uma dessas funções é ou não decidível é um problema indecidível. (*Dica:* Se o problema fosse decidível e as funções decidíveis pudessem ser ordenadas como $d'_0, d'_1, ...$, considere a função $g: \mathbb{N} \to \mathbb{N}$ tal que $g(i) = d'_i(i) + 1$).

▪ 5.8 Notas bibliográficas

As mesmas referências bibliográficas sugeridas na Seção 4.8 contêm material detalhado sobre a lógica de predicados poliádicos, incluindo a demonstração da indecidibilidade da satisfatibilidade para esta lógica.

Uma referência adicional importante é o texto histórico de Martin Davis, 1958, que, apesar da idade, continua indicado como um livro exemplarmente didático e bem organizado. O exemplo de função indecidível apresentado aqui foi inspirado por um exercício nele encontrado.

O sistema dedutivo da *resolução* apresentado no Capítulo 3 pode ser estendido para a lógica de predicados, com o devido tratamento das variáveis. Esta extensão, entretanto, já foi publicada em outros dois livros de um dos autores deste texto, e consideramos redundante repeti-la mais uma vez aqui. Sugerimos ao leitor interessado consultar Melo e Silva, 2003, e Silva e Agusti-Cullell, 2003.

▪ 5.9 Material *on-line*

Material *on-line* de qualidade pode ser encontrado na internet, e auxiliar nos estudos da lógica de predicados em geral.[2]

- Um editor e verificador de demonstrações *on-line* pode ser encontrado, juntamente com material adicional sobre lógica, e complementar o presente livro, em

    http://proofweb.cs.ru.nl/.

---

[2] Todos os links foram acessados em 9 maio 2017.

- Diversos quebra-cabeças lógicos podem ser encontrados em
  `https://l4f.cecs.anu.edu.au/`.

Esses quebra-cabeças — assim como outros e exercícios construídos pelo leitor — podem ser formulados utilizando uma sintaxe própria, verificados e demonstrados *on-line*.

- Um conjunto de ferramentas e material didático para o ensino de lógica formal pode ser encontrado em
  `http://www.phil.cmu.edu/projects/apros/`.
- Um software gratuito pode ser encontrado em
  `http://www.dcproof.com/`.

Uma vez instalado, este software permite editar e verificar demonstrações.

Parte 3

Verificação de programas

Capítulo 6

Especificação de programas

■ 6.1 Introdução

Uma das principais tarefas dos profissionais de computação é o entendimento e a modelagem de um problema real em um problema computacional. Para o entendimento do problema real a ser resolvido, várias pesquisas têm sido desenvolvidas na chamada *Engenharia de Requisitos* (Sommerville e Sawyer, 1997. Kotonya e Sommerville, 1998.). Ao final do processo de entendimento, o problema precisa ser representado e futuramente desenvolvido computacionalmente, e, para isto, precisamos de uma forma de representação clara e precisa.

É comum encontrarmos problemas a ser computacionalmente resolvidos representados em linguagem natural; por exemplo:

Exemplo 6.1.1 O proprietário de uma loja de discos precisa que seja emitida, toda semana, uma lista de seus clientes ordenados do maior ao menor valor de compras.

A partir de uma descrição inicial, o analista do sistema deve descrever o problema a ser implementado para os respectivos programadores do sistema. Algo como:

> Dada uma lista de clientes da loja e seus respectivos valores de compras efetuadas naquela loja, o programa deverá produzir uma

lista desses clientes em ordem decrescente dos seus respectivos valores de compras.

A partir desta especificação, o programador produzirá um programa de ordenação considerando o valor de compra de cada cliente.

Este problema descrito é bastante simples e com várias soluções conhecidas: os vários algoritmos de ordenação na literatura. Note, contudo, que não há qualquer menção sobre o fato de:

- ter-se, ou não, clientes repetidos nessa lista,
- se é permitida uma lista vazia de clientes,
- ou, ainda, qual o significado de *lista ordenada pelo valor de compra*.

Sobre o significado de ordenação poderíamos assumir o termo como conhecido na literatura, enquanto os outros itens deveriam ser explicitamente mencionados para uma solução mais precisa. A falta de definição desses elementos poderia gerar uma solução inadequada, como, por exemplo, listar um mesmo cliente várias vezes quando os valores de suas compras deveriam ser somados no caso em que um mesmo cliente aparecesse mais de uma vez na lista fornecida (quando é permitido um mesmo cliente aparecer mais de uma vez na lista).

Assumir o termo como na literatura, neste caso particular, poderia ser apropriado porque o domínio é conhecido. Contudo, em grande parte dos sistemas computacionais, *assumir* significados de termos em vez de defini-los explicitamente pode ser desastroso, culminando com a produção de um software que não foi solicitado quando *assumimos* um significado errôneo de termos. Este é apontado como um dos principais problemas no desenvolvimento de software, e tem sido largamente estudado na área de *Engenharia de Software* (Sommervile, 2001). Uma das suas principais causas é a falta de comunicação adequada, seja entre pessoas do grupo de desenvolvimento, seja entre as várias modelagens do sistema. A comunicação adequada entre as várias modelagens é principalmente remediada por boas representações, o que também propicia uma melhor comunicação entre pessoas da equipe de desenvolvimento.

Existem hoje linguagens para a especificação dos vários níveis de abstração do software, desde a arquitetura até problemas algorítmicos detalhados. UML (*Unified Modeling Language*) (Booch; Rumbaugh; Jacobson, 1999) é um exemplo do esforço de unificar representações das modelagens de sistemas para facilitar o entendimento. Várias outras linguagens com semânticas precisamente definidas também têm sido largamente usadas para a especificação de sistemas críticos, e serão discutidas na Seção 5. Neste capítulo, discutimos o uso da lógica clássica como linguagem para **especificação de programas**. Uma discussão sobre especificação de sistemas computacionais complexos está fora do escopo deste livro. Aqui, pretendemos apenas mostrar como podemos especificar problemas a ser solucionados por um programa para que possamos, posteriormente, provar que o programa implementa, de fato, uma solução para o problema especificado.

■ 6.2 Especificação de programas

Como visto na seção anterior, vários problemas a ser resolvidos computacionalmente são especificados em linguagem natural, ou mesmo em uma linguagem esquemática, as quais muitas vezes têm seus itens descritos em linguagem natural. Apesar de a descrição de um sistema computacional em linguagem natural ser, em geral, de fácil leitura (se for bem escrito) pela maioria dos integrantes da equipe de desenvolvimento, a ambiguidade de termos utilizados para definir os requisitos pode gerar entendimentos diferentes sobre um mesmo requisito. Isto pode ocasionar desenvolvimentos de partes individuais de um mesmo requisito que são inconsistentes entre si, simplesmente porque cada um teve uma interpretação particular sobre um mesmo termo. Além disso, podemos gerar, em linguagem natural,

- frases perfeitas sob o ponto de vista gramatical, mas com significado vago na descrição de um domínio de aplicação de sistemas; ou
- frases com significados inconsistentes sobre um mesmo requisito.

Por outro lado, como visto no estudo da Lógica Clássica (Partes I e II), esta pode expressar propriedades sobre o nosso cotidiano a partir dos predicados definidos sobre o domínio em questão. Com a Lógica Clássica podemos, então, formular sentenças sobre sistemas com interpretação única, já que todos os seus operadores têm um significado único. Além disso, podemos ainda verificar inconsistências quando definimos propriedades contraditórias sobre um mesmo requisito.

Neste capítulo temos como objetivo mostrar o uso da Lógica Clássica na especificação de propriedades sobre programas. Para isto, definimos inicialmente quais tipos de propriedades são relevantes aos programas sequenciais (determinísticos), para então mostrar como elas podem ser definidas usando a Lógica Clássica.

6.2.1 Programas como transformadores de estados

Discutimos até o momento a importância da especificação como modelagem precisa de problemas reais. A partir dessa modelagem, ou representação, dos dados reais, precisamos de formas de processamento que transformem os dados originais em novos dados produzidos. Essas transformações são realizadas através dos programas, os quais são máquinas abstratas responsáveis pela transformação de dados. Assim, a solução computacional para um problema requer que este tenha seus dados modelados de forma computacional e, a partir de um modelo desses dados, o programa faz processamentos que os transformam em dados resultado, o resultado computacional do programa. A Figura 6.1 mostra esta relação entre os dados de entrada e saída.

Estado inicial   Estado final

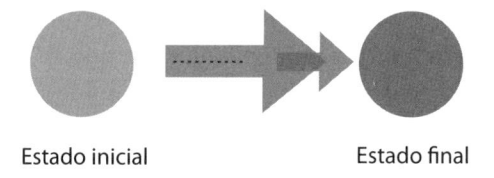

FIGURA 6.1 Programa abstrato

Considerando a computação de um programa como uma máquina de transformação, podemos distinguir dois **estados** primordiais do programa: **estado inicial**, quando nenhuma transformação sobre os dados ainda foi realizada; e **estado final**, após todas as transformações realizadas pelo programa. A maioria dos programas, no entanto, é formada por sucessivas transformações de dados. Desta forma, podemos subdividir o programa em elementos de transformações sucessivas, como mostra a Figura 6.2.

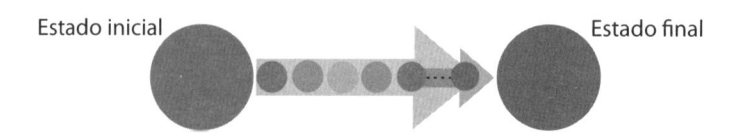

Estado inicial   Estado final

FIGURA 6.2 Programa: transformação de estados

Ainda nos resta definir o que representa o estado de um programa. Se considerarmos que um programa é representado por uma função, como nas linguagens funcionais, os dados de entrada representam o estado inicial, o processamento da função representa o programa (a capacidade de transformação) e o resultado da função representa o estado final, como definido na Figura 6.1. Para as linguagens que possuem variáveis para *guardar* valores de dados a ser computados ao longo programa, o estado é refletido pelo conjunto de variáveis e seus respectivos valores. O estado inicial de um programa é, portanto, denotado pelo conjunto de suas variáveis, com seus respectivos conteúdos, quando a computação do programa é iniciada. Após uma primeira transformação, temos um novo estado do programa, e assim sucessivamente, até o final da computação, chegando ao estado final do programa. Para programas sequenciais, a computação de um programa é, na realidade, uma transformação sucessiva de seu estado (Figura 6.3).

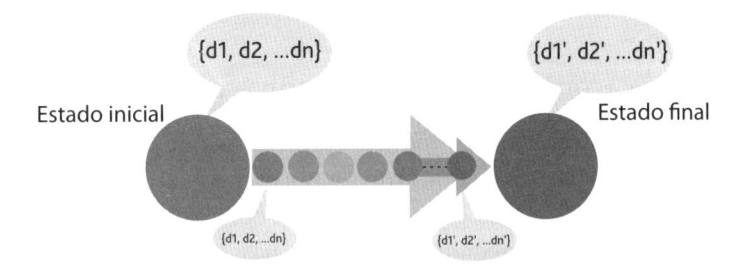

FIGURA 6.3 Computação de um programa

Assim, especificar propriedades sobre programas significa descrever relações sobre os estados desse programa. Para o problema apresentado no **Exemplo 6.1.1** (ordenação pelo valor de compra), poderíamos definir propriedades tanto sobre o estado inicial quanto sobre o estado final:

estado inicial:
- a lista de clientes contém pelo menos 1 cliente;
- não há clientes repetidos na lista dada;
- para cada cliente existe um valor não negativo de compras etc.

estado final:
- a lista resultado do programa deve conter todos os elementos da lista inicial;
- a lista resultado deve estar em ordem decrescente dos valores de compra. Assim, o cliente que efetuou a compra de maior valor deve ser o primeiro elemento da lista. O segundo elemento da lista deve conter o cliente que efetuou a segunda maior compra, e assim sucessivamente.

Note que as propriedades aqui definidas são apenas ilustrativas, e várias outras poderiam sê-las sobre o mesmo programa, inclusive considerando restrições distintas sobre o estado inicial do programa, como, por exemplo, aceitar uma lista de entrada com a repetição de clientes. É importante salientar que as propriedades aqui definidas sobre o estado inicial restringem o funcionamento do programa para apenas dados de entrada que satisfaçam àquelas características. Por outro lado, as propriedades sobre o estado final refletem o que será produzido pelo programa, e principalmente quais as transformações efetuadas sobre os dados do estado inicial. Além dos estados inicial e final, as propriedades poderiam também ser definidas sobre estados intermediários do programa.

6.2.2 Especificação de propriedades sobre programas

Como os programas sequenciais são transformadores de dados, e estes dados denotam o estado dos programas através de suas variáveis, é natural que as propriedades sobre os programas sejam definidas sobre as suas variáveis. Assim, podemos definir uma propriedade sobre uma variável em particular, ou, ainda, como uma relação entre variáveis de um mesmo programa. Para ilustrar, vamos utilizar um problema ainda mais simples que o anterior.

Exemplo 6.2.1 Dados dois valores de entrada sobre o domínio dos números inteiros maiores ou iguais a 10 (dez), o programa deve calcular a soma desses dois valores.

Especificação:
Para especificarmos o problema acima, podemos inicialmente *dar nomes* às variáveis de entrada do programa: x representa o primeiro dado de entrada, e y, o segundo dado de entrada. Podemos, agora, definir a restrição sobre os dados de entrada (estado inicial) do programa:

$$x \geq 10 \quad e \quad y \geq 10$$

Para que o programa a ser construído possa funcionar da forma esperada, precisamos que o predicado acima seja satisfeito.

Usando essas mesmas variáveis do programa e mais uma nova variável para denotar o valor calculado pelo programa (z), podemos especificar também propriedades sobre o estado final do programa:

$$z = x + y$$

Aqui, usamos novamente as duas variáveis definidas como valores de entrada para especificar a propriedade de que o valor calculado pelo programa deverá corresponder à soma dos valores de entrada. Note que este é um predicado sobre as variáveis do programa, e, portanto, deve ser verdadeiro ao final do programa (a igualdade definida na fórmula acima é matemática; isto não constitui uma atribuição como em programas).

No **Exemplo 6.2.1**, definimos propriedades sobre os estados inicial e final usando variáveis que representam os dados de entrada do programa. Para um problema tão simples, pudemos especificar as propriedades relevantes diretamente do seu enunciado. Para problemas mais complexos, o enunciado, em geral, não é escrito de forma tão completa quanto o aqui apresentado, e a especificação requer, muitas vezes, o conhecimento do domínio do problema para que possamos especificar precisamente o problema computacional a ser resolvido. Esta é, de fato, a situação mais comum a ser encontrada, e o *especificador* do sistema ou programa tem como tarefa modelar um problema real de forma que possa ser resolvido computacionalmente.

Assim, um mesmo sistema (ou programa) pode ser especificado de formas diferentes, e o *especificador* é responsável por decidir quais propriedades são relevantes ao sistema (precisam ser satisfeitas pelo sistema) tanto em seu estado inicial quanto em seu estado final (ou estados intermediários para sistemas mais complexos). A decisão de quais *propriedades são relevantes* a um dado sistema é uma tarefa tão subjetiva quanto a de se *construir um programa claro e elegante* para um dado problema, e depende da experiência do *especificador*. Por esta razão, podemos ter especificações distintas de um mesmo problema, ou ainda especificações com características indesejáveis, tais como falta de clareza, deficitária ou com propriedades desnecessárias. Nos exemplos seguintes mostramos especificações distintas do Exemplo 6.2.1 e apontamos alguns problemas.

Exemplo 6.2.2 Considere o mesmo problema definido no **Exemplo** 6.2.1.

Especificação:
  Sobre o estado inicial:

$$x \geq 10 \wedge y \geq 10 \wedge (x + y) \geq 0$$

Sobre o estado final:

$$z = x + y \wedge z \geq 20$$

Análise:

Nas propriedades especificadas tanto sobre o estado inicial quanto sobre o estado final acrescentamos novos predicados. Sobre o estado inicial, $(x+y) \geq 0$ é um predicado desnecessário porque pode ser deduzido pelos dois outros iniciais. Da mesma forma, sobre o estado final, o predicado $z \geq 20$ pode ser omitido por ser uma consequência dos dois primeiros predicados sobre o estado inicial, juntamente com $z = x + y$. Esta é uma característica indesejável nas especificações, que chamamos **superespecificação** (do inglês, *overspecification*).

A superespecificação, em geral, ocorre quando o especificador tem o ímpeto de especificar *tudo* que ele sabe sobre o problema e não percebe que está repetindo o que já foi especificado. Em casos particulares, a superespecificação pode ser proposital para enfatizar certa característica do problema. Para o problema apresentado no exemplo, este poderia ter sido requisitado em um domínio onde o resultado apresentado deverá ser usado para um próximo cálculo e tem como restrição ser um valor estritamente maior ou igual a 20. Neste caso, o predicado $z \geq 20$ poderia servir como ênfase no sistema como um todo.

Exemplo 6.2.3 Considere o mesmo problema definido no **Exemplo** 6.2.1.

Especificação:

Sobre o estado inicial:

$$x \geq 10 \wedge (x+y) \geq (10+x)$$

Sobre o estado final:

$$z = x + y$$

Análise:

Nas propriedades especificadas sobre o estado inicial, temos o predicado $(x+y) \geq (10+x)$. Este, juntamente com $x \geq 10$, especifica que y deve ser maior ou igual a 10 (dez), como requerido pelo problema. Contudo, esta é uma forma **pouco clara**, ou indireta, de explicitar tal propriedade. É ideal que tenhamos especificações com propriedades explícitas sobre o problema e da maneira mais concisa possível.

Podemos ainda ter especificações deficitárias que podem prejudicar tanto o problema a ser resolvido quanto sua verificação posteriormente.

Exemplo 6.2.4 Considere o mesmo problema definido no **Exemplo** 6.2.1.

ESPECIFICAÇÃO:

Sobre o estado inicial:

$$x \geq 10$$

Sobre o estado final:

$$z = x + y$$

ANÁLISE:
Na propriedade especificada sobre o estado inicial, temos apenas o predicado $x \geq 10$. Neste caso, y poderia assumir qualquer valor, o que torna a especificação incompatível com a definição do problema. Com esta especificação **incompleta** do problema, um programa poderia ser construído resultando em uma solução errada — poderíamos inclusive obter números negativos como resultado do problema.

Vários cuidados devem ser observados para que obtenhamos uma especificação clara, concisa e precisa de um programa. O especificador precisa definir, inicialmente, quais restrições são necessárias sobre os dados de um programa para que ele funcione, assim como propriedades sobre os dados a serem produzidos pelo programa. Nos exemplos anteriores, definimos as propriedades sobre os dados dos programas utilizando uma linguagem matemática — comparações sobre números inteiros e conectivos lógicos. Poderíamos ter tais especificações escritas em linguagem natural, mas as vantagens de termos especificações de programas definidas em uma linguagem matemática são:

1. **Precisão:** a linguagem matemática é precisa, e por isso possui um significado único para cada propriedade;
2. **Verificação de consistência:** a linguagem matemática nos possibilita verificar inconsistências nas especificações quando temos propriedades contraditórias sobre um mesmo objeto. Essas inconsistências podem

ser verificadas de forma automática, ou pelo menos semiautomática. Tal verificação torna-se impossível quando temos essas especificações em linguagem natural, dada a ambiguidade de termos e sentenças;
3. **Simulação:** as especificações em algumas linguagens matemáticas podem ser parcialmente executáveis, o que auxilia a validação da especificação;
4. **Verificação de programas:** após a construção de um programa que pretendemos solucione o problema especificado, podemos verificar (novamente de forma automática ou semiautomática) se esta é uma solução (satisfaz) para a especificação do problema. Assim como na verificação de consistência, a do programa só é possível se tivermos o problema especificado em uma linguagem precisa.

Uma vantagem decorrente das especificações em linguagem matemática é que, para definir propriedades de forma precisa, os especificadores necessitam de uma ideia clara sobre o problema, ao passo que a descrição em linguagem natural pode ser vaga. Note que isto não é mérito da linguagem matemática (podemos ter especificações com um bom entendimento sobre o problema em linguagem natural), mas que acaba sendo uma realidade na prática.

Em contrapartida, uma especificação escrita em linguagem matemática, apesar de ser acessível aos profissionais de computação, nem sempre é de fácil leitura aos usuários que contratam os serviços de tais profissionais. Além disso, apesar de estimular um entendimento preciso do problema, a especificação em linguagem matemática pode ser tanto incompleta quanto incorreta em relação ao problema real. Assim como em quaisquer outras modelagens de problemas reais, o especificador poderá ter um entendimento incorreto ou incompleto do problema, o que se refletirá na especificação. Existe a chance de entendimentos equivocados ser descobertos se tivermos a simulação da especificação, mas não há um "passe de mágica" que faça que especificações em uma linguagem matemática sejam exatamente o que se deseja do problema real sem um esforço do especificador.

Nesta seção apresentamos apenas o que é desejável na especificação de programas e argumentamos que podemos usar uma linguagem matemática para tal especificação. Na Seção 6.3, mostramos o uso da Lógica Clássica como linguagem matemática para a especificação de propriedades sobre programas sequenciais.

6.3 Lógica clássica como linguagem de especificação

Vimos, na Parte II deste livro, o uso da lógica de predicados para expressar sentenças do nosso cotidiano e sistemas de prova sobre tal fundamento. Nesta seção, redefinimos a linguagem lógica utilizada para a especificação de programas considerando a semântica já definida nos capítulos anteriores.

Considere R, F, V e C os conjuntos de símbolos de predicados, funções, variáveis e constantes respectivamente. A linguagem lógica aqui utilizada será a seguinte:

Termos: os termos t são definidos por:

$$t ::= x \mid c \mid f(t,...,t)$$

- x – uma variável – $x \in$;
- c – uma constante – $c \in$;
- se $t_1,...,t_n$ são termos e f é uma função ($f \in F$) de aridade n, então $f(t_1,...,t_n)$ é um termo.

Fórmulas: o conjunto de *fórmulas* é definido por:

$$\varphi ::= P(t_1,..., t_n) \mid \neg \varphi \mid \varphi \wedge \varphi \mid \varphi \vee \varphi \mid \varphi \rightarrow \varphi \mid \forall x \varphi \mid \exists x \varphi$$

- se P é um predicado com n argumentos e $t_1,...t_n$ são termos, então $P(t_1,...,t_n)$ é uma fórmula;
- $\neg, \wedge, \vee, \rightarrow, \forall$ e $\exists$ são todos operadores da lógica de predicados com a semântica definida anteriormente;
- a precedência dos operadores, assim como o uso de parênteses nas fórmulas, têm o mesmo significado que nas fórmulas apresentadas anteriormente;
- as variáveis não quantificadas são ditas variáveis livres.

Alguns predicados sobre programas, assim como nos exemplos anteriores, serão definidos na forma infixa para tornar a leitura de propriedades mais intuitiva.

Exemplos 6.3.1 Para a comparação se um dado número inteiro é maior ou igual a outro utilizamos

$$5 \geq 4$$

ao invés de usarmos o predicado na forma

$$MaiorOuIgual(5,4) \;ou\; \geq (5,4)$$

como sugerido na notação acima. Esta escolha de notação tem como objetivo a clareza, já que lidamos no nosso dia a dia com comparações entre números na notação infixa, seja em definições matemáticas, seja nas linguagens de programação. Da mesma forma, a comparação entre variáveis que representam valores numéricos também aparecerão na forma infixa para tornar a leitura mais intuitiva:

$$x \geq y$$

Além da comparação acima, todas as outras comparações usuais entre números inteiros também serão usadas na forma infixa:

$$x = y, x \leq y, x \leq y, x \geq y, x \geq y$$

Operadores sobre inteiros serão definidos na Seção 6.3.1.

A forma de escrita (infixa) dos predicados conhecidos sobre números não altera o significado nem o poder de expressão da lógica. Assim, a semântica da linguagem e os sistemas de prova definidos nos capítulos anteriores continuam válidos aqui.

Para a especificação de um programa, devemos inicialmente definir o significado dos predicados usados nas asserções (ou propriedades) sobre o programa. Omitimos a definição inicial desses predicados se eles já forem conhecidos, tais como os matemáticos definidos acima.

Exemplos 6.3.2 Dadas x e y variáveis que representam números inteiros, as seguintes expressões são fórmulas aceitas como asserções de programas:

1. $x > 0$ — o valor da variável x deverá ser maior que zero;
2. $x \geq 0 \wedge x \leq 10$ — o valor da variável x deverá estar no intervalo fechado entre zero e dez;
3. $x < 0 \vee x \geq 20$ — o valor da variável x deverá ser um número negativo ou maior ou igual a 20;

4. $\forall x(x = 0 \lor x + y > 10)$ — para todos os valores que a variável x pode assumir, este valor deverá ser zero, ou sua soma com o valor da variável y deverá ser maior que 10;
5. $\exists y(x = 2 * y)$ — o valor da variável x é um número par.

Aqui mostramos apenas que asserções usando a lógica de predicados podem ser utilizadas como especificações de programas. Nas seções que seguem definimos um conjunto de predicados associados a tipos de dados que auxiliam à especificação de sistemas reais e uma sistemática de especificação baseada em asserções sobre os estados inicial e final dos programas.

6.3.1 Tipos de dados e predicados predefinidos

Quando definimos sentenças lógicas sobre o nosso cotidiano precisamos, antes de tudo, definir predicados e funções base sobre o domínio em questão. Para especificar asserções sobre programas, devemos definir, da mesma forma, um conjunto de predicados sobre o domínio de aplicação. Apesar de podermos definir novos tipos em grande parte das linguagens de programação, existem os elementos base sobre os quais construímos esses novos tipos, chamados predefinidos das linguagens. Predefinimos aqui um conjunto de predicados e funções sobre elementos que comumente usamos para asserções sobre programas. Esta não é uma lista exaustiva de elementos base, uma lista mais completa pode ser encontrada nas linguagens e métodos formais definidos com o propósito de especificação de sistemas mais complexos (Seção 6.5). Aqui, restringimo-nos a um conjunto ilustrativo que nos possibilite definir asserções sobre programas.

6.3.1.1 Números inteiros

Expressões envolvendo números inteiros são comuns em linguagens de programação, e, por isso, estados dos programas muitas vezes incluem variáveis com valores no conjunto de números inteiros. Existe um conjunto de relações e funções sobre números inteiros; aqui enumeramos alguns deles usados no decorrer das especificações:

$IntXInt \to Int$

- $x + y$
- $x - y$
- $x * y$
- x / y — divisão de inteiros
- $\max(x, y)$ — o valor máximo entre dois números
- $\min(x, y)$ — o valor mínimo entre dois números
- $mod(x, y)$ — resto da divisão de x por y

$IntXInt \to Bool$

- $x = y$ — o símbolo = é sobrecarregado para números inteiros e termos lógicos
- $x < y$
- $x \leq y$
- $x > y$
- $x \geq y$

Esta é uma definição incomum para os números inteiros, mas é usada aqui apenas para facilitar a escrita/leitura das especificações.

Vetores

Da mesma forma que os números inteiros, é comum termos vetores (*arrays*) de valores, que formam um tipo composto. Em particular, podemos ter vetores de números inteiros:

$$V_1, ..., V_n$$

As variáveis compostas serão representadas por índices (subscritos), que são valores inteiros. Os vetores de valores inteiros têm a seguinte assinatura:

$$Int \to Int$$

Para elementos representados nesses tipo de estrutura podemos, por exemplo, comparar valores bem como seus índices.

Exemplo 6.3.3 Os elementos do vetor V, que não contêm elementos repetidos, estão em ordem decrescente:

$$\forall i, j (i < j \rightarrow V_i > V_j)$$

Na maioria dos métodos formais os vetores são definidos como sequências, o tipo associado a vetores, e várias relações e funções são definidas (como, por exemplo, primeiro e último elementos da sequência). Aqui, optamos pela denominação de vetores para maior aproximação da nomenclatura usada nas linguagens de programação.

6.3.2 Invariantes, precondições e pós-condições

Para a especificação de propriedades sobre programas, as quais temos como objetivo sejam verificadas posteriormente (Capítulo 7), devemos sistematizar como elas devem ser construídas.

Como sugerido na Seção 6.2, programas sequenciais são essencialmente transformadores de estados. As especificações de programas devem, portanto, denotar quais ações são esperadas dos programas sob o ponto de vista de transformações de seus estados. Inicialmente, o especificador deve:

1. identificar o domínio de aplicação do problema;
2. escolher uma representação (modelo) para os dados a serem manipulados pelo programa;
3. definir os elementos que compõem os estados do programa;
4. identificar quais transformações sobre o estado são relevantes ao problema; e
5. descrever as transformações sobre os estados.

Na identificação e descrição das transformações sobre os estados devemos identificar alguns elementos importantes: os estados inicial e final. Além disso, as asserções devem explicitamente denotar sobre quais estados são definidas:

Precondições: asserções definidas sobre o estado inicial do programa que denotam sob quais restrições o programa está preparado para funcionar. As precondições determinam tanto condições sobre dados de entrada quanto sobre valores iniciais de variáveis. Se as precondições de um programa são violadas, não há garantia de que o programa funcione adequadamente.

Exemplo 6.3.4 Dado um número inteiro n, o programa $F\,at$ deverá calcular o fatorial de n.

Identificando o domínio de aplicação do problema, o domínio da função fatorial, percebemos que ela está definida apenas para números inteiros maiores ou iguais a zero: $n \geq 0$. Como esta função não está definida para números negativos, o programa estará preparado apenas para o cálculo de fatorial de números não negativos. Caso seja dado um número negativo, o programa poderá eventualmente produzir um resultado errôneo. Assim, temos para o problema proposto:

```
Pre:    n ≥ 0
```

Caso esta condição seja violada, por exemplo $n = -2$, o programa poderia produzir um resultado errado como -2, não produzir um resultado final (*loop* infinito), ou, ainda, produzir uma mensagem sobre o dado de entrada errado.

Diferente dos exemplos anteriores, neste tivemos que descobrir, a partir do domínio de aplicação do problema, quais precondições são necessárias ao funcionamento do programa. Isto é uma prática na maioria das situações reais, e constitui uma das tarefas do especificador (a definição informal do problema a ser resolvido nem sempre evidencia tais condições). Vale ressaltar que a omissão de precondições para um programa determina que este deverá responder a quaisquer valores do tipo. Quando não há definição explícita das precondições, estas assumirão o valor `true`, denominando que não há restrições sobre o estado inicial do programa.

Pós-condições: são asserções sobre o estado final do programa que denotam condições sobre os dados resultados do programa. Nas pós-condições são definidas as propriedades sobre os dados de saída e valores das variáveis que denotam o estado do programa. Os valores de saída são denotados por variáveis que serão usadas como resultado e estão, em geral, relacionadas a variáveis ou valores de entrada.

Exemplo 6.3.5 Considere o problema do Exemplo 6.3.4 sobre fatorial. Além de definir as precondições para o funcionamento do programa, devemos também denotar o resultado a ser produzido pelo programa através de suas pós-condições. Seja n o valor de entrada, como definido anteriormente, e denotamos por *fat* o valor resultado da função. Temos, para o problema, as pós-condições:

Pos: $fat = n!$

onde,

$$n! = \begin{cases} 1, & \text{se } n = 0 \\ 1, & \text{se } n = 1 \\ n*(n-1)!, & \text{se } n > 1 \end{cases}$$

uma definição usual da função fatorial.
Na definição da pós-condição desta função foi usada uma variável que denota o valor resultado do programa (*fat*) para deixar clara a relação através de variáveis de programas. Como o problema proposto é uma função matemática, pudemos denotar o valor resultado do programa em uma única variável de estado (*fat*). Em outros casos, poderemos ter um conjunto de variáveis que configuram o estado final do programa.
A omissão da pós-condição significa que não há quaisquer condições (propriedades) a serem satisfeitas pelo estado final do programa e o seu valor é true, da mesma forma que as precondições. Sob o ponto de vista prático, significa que quaisquer valores resultado produzidos pelo programa são aceitáveis, já que não precisam satisfazer quaisquer propriedades. Em outras palavras, uma especificação com a pós-condição true é inerte, já que não há menção do que o programa deve produzir. Neste caso, qualquer programa é adequado para tal especificação.

Invariante: são asserções sobre programas que devem ser válidas ao longo da computação do programa. Em particular, tal asserção deve ser válida nos estados inicial e final dos programas. Assim, se definimos que x, uma variável de um programa P, deve ser maior que zero ao longo da computação do programa, devemos descrever tal propriedade como invariante do programa (Inv : $x > 0$).

Exemplo 6.3.6 Consideremos ainda o problema do Exemplo 6.3.4 sobre fatorial, e acrescentemos a asserção de que a variável sobre o valor resultado não assume valores negativos no decorrer da execução do programa. Podemos, então, definir o invariante:

Inv : $fat \geq 0$

Note que tal asserção é ao mesmo tempo uma pré e pós-condição na especificação do problema e poderia eventualmente ser acrescentada a tais condições. Lembre-se de que ter a mesma condição como invariante, precondição e pós-condição constitui uma superespecificação do problema, que é aceita apenas quando se quer enfatizar aspectos específicos do problema.

A omissão de invariantes no sistema não constitui uma situação dramática na especificação do problema como a omissão das pós-condições. É comum encontrarmos especificações de problemas sem quaisquer invariantes. No exemplo acima, introduzimos o invariante artificialmente ao problema para a sua explicação. Em particular, definiremos as especificações de programas sem incluir explicitamente invariantes.
Alternativamente, podemos distribuir invariantes do programa sobre as pré e pós-condições. Sob o ponto de vista de especificação, definir uma mesma asserção como pré e pós-condição de um programa não constitui um invariante. Como as precondições atuam apenas sobre o estado inicial e as pós-condições sobre o estado final do programa, tais asserções não precisam ser satisfeitas nos estados intermediários, diferentemente do invariante, que precisa ser satisfeito em todos os estados.

Para efeito da especificação de programas definida neste livro, usaremos apenas as pré e pós-condições deles. Quando uma dada propriedade precisar ser satisfeita tanto no estado inicial quanto no estado final do programa, esta será explicitamente uma asserção na pré e pós-condição concomitantemente. Contudo, a ideia de invariante será abordada nas regras de prova para fazermos verificação de programas (Capítulo 7).

Exemplo 6.3.7 Consideremos o problema do Exemplo 6.3.6 sobre fatorial, com a asserção de que a variável sobre o valor resultado não assume valores negativos no decorrer da execução do programa. Para o valor de entrada n e o valor de saída *fat*, a especificação do problema pode ser definida por:

Especificação:
    Pre: $n \geq 0 \wedge fat \geq 0$
    Pos: $fat = n! \wedge fat \geq 0$

Note que a propriedade $fat \geq 0$ é redundante na pós-condição, mas foi mantida aqui apenas para deixar explícito o invariante sugerido anteriormente.

Além dos estados inicial e final do programa, podemos ainda definir quais propriedades devem ser satisfeitas em seus estados intermediários. Podemos, em particular, definir propriedades sobre partes internas dos programas. Essa forma de especificação será parcialmente explorada no Capítulo 7.

6.3.3 Variáveis de especificação

Mostramos até o momento um conjunto de especificações definidas através de asserções sobre os estados inicial e final dos programas. Argumentamos que os estados dos programas são denotados pelas suas variáveis, e todas as asserções foram definidas sobre as variáveis dos programas. Em certas situações, precisamos de asserções na pós-condição relacionadas a valores de variáveis em estados anteriores do programa, mesmo que estes tenham sido modificados ao longo da computação. Para isso, devemos *lembrar* alguns valores que não são preservados até o final do programa. Nesses casos, criamos **variáveis de especificação**, que não existem no programa, apenas na especificação. Elas servem como elementos auxiliares quando precisamos definir propriedades sobre o estado final do programa que usam valores não preservados pelas variáveis do programa.

Exemplo 6.3.8 Consideremos novamente o problema do Exemplo 6.3.4 sobre fatorial.
    Programas iterativos que resolvem o problema do cálculo de fatorial usam a própria variável de entrada, n, para este cálculo. Dessa forma, o valor da variável n é *destruído* ao longo do cálculo no programa. Para designarmos que o

valor da variável *fat* contém o cálculo do fatorial do valor de entrada, criamos a variável de especificação n_0:

ESPECIFICAÇÃO:

Pre : $n \geq 0 \wedge n_0 = n$

Pos : $fat = n_0!$

Dessa forma, independentemente do valor final de *n*, se é preservado ou *destruído*, a pós-condição denota explicitamente a noção da especificação de fatorial sobre o valor inicial.

Na maioria das linguagens formais (Seção 6.5) que lidam com especificações baseadas nos estados inicial e final existem notações explícitas sobre cada um deles. Aqui, especificamos as propriedades sobre programas porque temos como objetivo a verificação dessas propriedades sobre os programas. Por esta razão, usamos variáveis que fazem parte dos próprios programas, como veremos no Capítulo 7, nas especificações, e por isso a necessidade da criação das variáveis de especificação. No caso do exemplo 6.3.8, precisaríamos provar que a propriedade *fat* = *n*! é satisfeita ao término do programa. Contudo, o valor da variável usado para a prova será aquele ao término do programa, mesmo que tenha sido modificado.

Portanto, apesar de a pós-condição no **Exemplo** 6.3.5 estar correta sob o ponto de vista de especificação, pode ser problemática na verificação do programa por causa do uso concomitante das variáveis nos programas e especificações.

■ 6.4 Especificação do problema exemplo

Descrevemos aqui o problema apresentado inicialmente com a sua respectiva especificação.

Exemplo 6.4.1 Voltando ao nosso problema inicial sobre a loja que quer ordenar seus clientes pelo valor de compra (Exemplo 6.1.1), vamos agora especificá-lo formalmente.

Consideramos dois vetores: *C* para clientes e *V* para os valores de compra dos clientes. Para cada cliente C_i temos o valor correspondente da compra V_i maior ou igual a zero. Além disso, cada cliente aparece apenas uma vez na lista.

ESPECIFICAÇÃO:

Pre : $\forall i,j.(i \neq j \rightarrow C_i \neq C_j) \wedge V_i \geq 0 \wedge C0_i = C_i \wedge V0_i = V_i$

Pos : $\forall i,j(i < j \rightarrow V_i \geq V_j) \wedge (C_i = C0_j \rightarrow V_i = V0_j)$

Na precondição, temos a restrição sobre o domínio de entrada para que os clientes sejam distintos e cada valor de compra seja não negativo. Como cada V_i está relacionado ao C_i correspondente e tal correspondência deve permanecer nos vetores resultado, criamos as variáveis de especificação $V0$ e $C0$ para que tal relação possa ser denotada na pós-condição. Assim, na pós-condição, temos que o vetor de valores V deve estar ordenado, e que a relação entre os valores e os clientes é preservada como nos valores de entrada (usando as variáveis de especificação — $C_i = C0_j \rightarrow V_i = V0_j$).

EXERCÍCIOS

6.1 Formule uma especificação para um programa P que, dados dois números naturais, deve calcular o máximo divisor comum para eles.

6.2 Formule uma especificação para um programa P que, dados dois números inteiros como entrada, a soma destes dois números no estado inicial deve ser idêntica à soma deles no estado final do programa. Note que o valor de cada uma das variáveis que representa estes valores pode ter seus valores modificados ao longo da execução de P.

6.3 Especifique o problema de divisão de inteiros. O programa P deve receber dois dados de entrada, x e y, e produzir o quociente e o resto da divisão de x por y!! É proibido usar os operadores de divisão (x / y) e resto da divisão $(\text{mod}, (x, y))$ para especificar este problema.

6.4 Formule uma especificação para o problema de geração de números pares. Um programa P deve gerar um número par.

6.5 Formule a especificação para a decomposição de um número maior que 2 em fatores primos. O programa P deve receber como entrada um número natural e produzir os fatores primos que decompõem este número.

6.6 Dado número é palíndrome se possui a mesma ordem de dígitos quando visto da esquerda para a direita ou da direita para a esquerda. Formule uma especificação para que, dado um número natural, o programa deve testar se ele é palíndrome.

6.7 Especifique o problema para que, dado um número natural a um programa P, este deve reconhecer se o número pode ser escrito da forma $2^i - 1$.

6.8 Formule uma especificação para um programa P que recebe um número inteiro e uma lista de números inteiros e verifique se este número está contido na lista ou não.

6.9 Um programa recebe uma lista de números inteiros e a quantidade de elementos desta lista, e deve produzir uma nova lista de forma que todos os seus elementos que aparecem antes do i-ésimo elemento da lista devem conter o valor zero. Especifique tal problema.

■ 6.5 Notas bibliográficas

Os estudos sobre especificação de requisitos e de programas não é recente, e se dá principalmente pela preocupação em se desenvolver o software/programa desejado, em vez de descobrir que desenvolveu o software que não queria apenas quando já está pronto. Um grande esforço foi empregado para a definição de métodos formais baseados em modelos, tais como Z (Woodcock e Davies, 1996; Jack, 1997), B (Wordsworth, 1996) e VDM *Vienna Development Method* (Jones, 1990), que foram inicialmente criados para o desenvolvimento de sistemas sequenciais no paradigma modular e têm como fundamentos principais a teoria dos conjuntos e a lógica de predicados.

As ideias de invariantes, pré e pós-condições para sistemas, aparecem de forma explícita nos métodos formais citados acima. Neste livro, seguimos uma

abordagem similar à que é usada em VDM, no qual denominamos as pré e pós-
-condições explicitamente, mas omitimos os invariantes. Os métodos Z e B seguem abordagem semelhante na forma de esquemas, e são ainda enriquecidos
com uma linguagem para esquemas. Nesses métodos, aparecem também formas
particulares de denotar os estados inicial e final e suas mudanças, assim como a
predefinição de tipos estruturados, tais como conjuntos, sequências e suas varia-
ções, juntamente com as respectivas operações básicas.

Além dos sistemas sequenciais, existem os desenvolvimentos de teorias e
métodos para sistemas concorrentes (não abordados neste livro), tais como CCS
(Milner, 1989) e CSP (Hoare, 1985). Estas são álgebras (ou cálculos) que têm
como objetivo principal denotar a comunicação entre processos. Mais recentemente, há um esforço no desenvolvimento de teorias e linguagens para agentes móveis, tais como *pi-calculus* (Milner, 1999) e *Ambient-Calculus* (Cardelli e
Gordon, 1998), dentre outros. O leitor pode consultar Nissanke, 1999 sobre um
resumo de métodos tanto dedicados a sistemas sequenciais quanto concorrentes.

Capítulo 7

Verificação de programas

■ 7.1 Introdução

É comum encontrarmos erros quando testamos programas. Em geral, descobrimos os erros e "rearrumamos" os programas de forma a repará-los. Em certas ocasiões, conseguimos reparar tais erros sem que novos erros sejam introduzidos. Mas, infelizmente, "reparar um erro aqui gera outro lá", e assim temos que fazer reparos sucessivos nos programas até que possam ser executados para uma malha de testes sem produzir resultados errados. Será que um programa executado para aquela malha de testes não produzirá resultados errôneos para outros dados? Na realidade, os testes só garantem que o programa produzirá dados corretos para o conjunto de dados que foi testado, mas tal garantia não é extrapolada para outros testes. Não são poucos os sistemas que, depois de tempos de uso, descobrimos que produzem resultados absurdos, ou mesmo param mediante um dado diferente. Alguns programas estão aparentemente corretos, mas não funcionam adequadamente para dados específicos. O mais grave é que alguns erros de programas, no entanto, nem são percebidos ao longo de seu funcionamento porque não foram submetidos a dados que os revelassem.

Exemplo 7.1.1 Faça um programa que, dadas duas sequências de números inteiros em ordem não decrescente, produza uma terceira sequência em ordem não decrescente contendo todos os elementos das duas primeiras sequências.

Uma das soluções para este problema é o entrelaçamento das duas sequências respeitando a ordem:

PROGRAMA:

```
1  void merge1(int V1[], int V2[], int V3[], int tam1, int tam2){
2    int pos1, pos2, pos3;
3    pos1 = pos2 = pos3 = 0;
4    while (tam1 + tam2 > 0){
5      if (V1[pos1] > V2[pos2]){
6        V3[pos3] = V2[pos2];
7        pos2 = pos2 + 1;
8        tam2 = tam2 - 1;
9      }
10     else{
11       V3[pos3] = V1[pos1];
12       pos1 = pos1 + 1;
13       tam1 = tam1 - 1;
14     }
15     pos3++;
16   }
17 }
```

ANÁLISE:
Com uma análise descuidada do programa acima, podemos supor que ele funciona corretamente para o problema proposto. Contudo, é fácil notar que se uma das sequências dadas for vazia, faremos uma comparação indevida: if (V1[pos1] > V2[pos2]) (linha 5). Estaríamos comparando um valor com outro indefinido. Tal situação ocorre, por exemplo, quando uma das sequências é vazia, ou quando todos os elementos de uma das sequências são menores que os da outra. Em várias outras situações poderíamos ter comparações com valores indevidos, o que nos faz concluir que *este programa não é uma solução para o problema especificado*.

Se usássemos este programa em um sistema real e nunca tivéssemos tais situações, poderíamos incorrer no erro de achar que o programa estaria correto, uma vez que nunca teria produzido resultado inadequado (no caso do programa acima, encontraríamos o erro com poucos testes).

Exemplo 7.1.2 Uma vez que detectamos um problema no programa do Exemplo 7.1.1, podemos tentar corrigi-lo. Assim, a condição do `while` (linha 4) pode ser modificada para que este seja executado apenas quando as duas sequências forem não vazias.

PROGRAMA:

```
1  void merge2(int V1[], int V2[], int V3[], int tam1, int tam2){
2    int pos1, pos2, pos3;
3    pos1 = pos2 = pos3 = 0;
4    while (tam1 > 0&&tam2 > 0){
5     if (V1[pos1] > V2[pos2]){
6        V3[pos3] = V2[pos2];
7        pos2 = pos2 + 1;
8        tam2 = tam2 - 1;
9     }
10    else{
11       V3[pos3] = V1[pos1];
12       pos1 = pos1 + 1;
13       tam1 = tam1 - 1;
14    }
15    pos3++;
16   }
17 }
```

ANÁLISE:

Agora só faremos a comparação do comando `if-else` (linha 5) se tivermos, de fato, elementos nas duas sequências. Mas, neste caso, paramos de produzir a nova sequência quando já usamos todos os elementos de uma das sequências originais; os elementos restantes da outra sequência não apareceriam na sequência produzida. Assim, tentando corrigir um erro do programa, acabamos de introduzir outro.

Neste caso, devemos considerar mais este problema a ser corrigido.

Exemplo 7.1.3 Dado o erro detectado, vamos corrigir o problema:

PROGRAMA:

```
1  void merge2(int V1[], int V2[], int V3[], int tam1, int tam2){
2    int pos1, pos2, pos3;
3    pos1 = pos2 = pos3 = 0;
4    while (tam1 > 0&&tam2 > 0){
5     if (V1[pos1] > V2[pos2]){
6       V3[pos3] = V2[pos2];
7        pos2 = pos2 + 1;
8        tam2 = tam2 - 1;
9      }
10    else
11     V3[pos3] = V1[pos1];
12      pos1 = pos1 + 1;
13      tam1 = tam1 - 1;
14     }
15   pos3++;
16  }
17  /* preenche com o que restou do vetor V1 */
18  while (tam1 > 0){
19    V3[pos3] = V1[pos1];
20    pos1 = pos1 + 1;
21    tam1 = tam1 - 1;
22    pos3++;
23  }
24  /* preenche com o que restou do vetor V2 */
25  while (tam2 > 0){
26    V3[pos3] = V2[pos2];
27    pos2 = pos2 + 1;
28    tam2 = tam2 - 1;
29    pos3++;
30   }
31 }
```

Aqui, corrigimos os pequenos erros do programa original.

Se para um problema tão simples cometemos erros tanto na sua elaboração quanto na sua correção, o que acontece em problemas mais complexos? Na prática, como podemos perceber que um programa está incorreto? Uma das maneiras usuais é a inspeção de programas. Nesta, seguimos a lógica do programa e muitas vezes percebemos que não tratamos dos casos especiais. Para isso, usamos a definição do problema, que, na maioria das vezes, está descrita em linguagem natural, juntamente com nosso conhecimento sobre o domínio do problema. Se os casos particulares a serem tratados não são do nosso conhecimento, não perceberemos os problemas do programa. Além disso, tal percepção depende do entendimento do programa, o qual deverá estar escrito de forma clara para que os casos especiais sejam evidenciados. Note que, apesar de funcionar na prática, esta é uma forma subjetiva de julgamento.

Outra técnica bastante usada é o teste de programas, como mencionado anteriormente. Nesta, são escolhidos os casos de teste a serem validados e um conjunto de dados de teste gerado, sobre o qual o programa é executado. Os casos de teste são classes de dados sobre as quais o programa deve atuar. A seleção dessas classes de dados pode ser arbitrária ou seguir sistemáticas que levem à cobertura de critérios de teste definidos na literatura (Ammann e Offutt, 2008), e realizada de forma manual ou semiautomática. De qualquer forma, um subconjunto de dados dentro daquela classe será testado, já que o teste exaustivo não é viável. Neste caso, alguns dos dados não testados poderão gerar resultados errados, principalmente quando agregamos em uma única classe elementos com comportamentos diferenciados e não percebemos *a priori*.

Apesar das várias técnicas de teste desenvolvidas atualmente, os testes não garantem o funcionamento para todos os possíveis dados do domínio do programa. Com isso, programas, mesmo que bem testados, podem produzir resultados errôneos para dados particulares. Para garantirmos que um programa responda adequadamente aos dados do domínio, precisamos verificar se ele é, de fato, uma implementação particular da especificação do problema. Para isto precisamos provar que o programa satisfaz à especificação do problema, como veremos a seguir.

7.1.1 Como verificar programas?

Para quaisquer sistemas computacionais, esperamos que os programas funcionem adequadamente (corretamente) para todos os dados de entrada do seu domínio de aplicação. Ou seja, que os programas produzam os resultados esperados para cada dado. Por isso, não há correção absoluta de programas; nenhum programa está correto ou errado por si só, mas sim em relação à especificação do problema. Existem, de fato, estratégias para produzirmos programas corretos em relação à sua especificação (Fancez, 1992; Portsch, 1990):

Síntese: Dada uma especificação ϕ, um programa P é construído de forma automática, ou semiautomática, através da transformação da especificação original no programa P. A partir da especificação, transformações sucessivas são aplicadas até que o programa seja produzido.

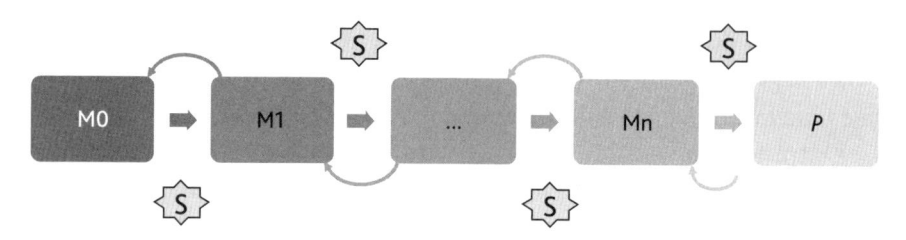

FIGURA 7.1 Síntese de programas

Se tal problema estivesse resolvido por completo, não precisaríamos mais programar, apenas especificar e aplicar as transformações. Apesar dos esforços de desenvolvimento desta estratégia, a transformação automática ainda não é uma realidade para qualquer domínio ou repertório completo das linguagens de especificação. Na prática, a síntese é aplicada a classes particulares de especificações e/ou a domínios específicos (Back e Wright, 2012; Seke Unski e Sere, 2012; Alur et al., 2015; Gulwani, 2012; Bodik e Jobstmann, 2013). Além disso, o processo de decisão de quais regras devem ser aplicadas é assistido em parte pelas técnicas: devemos definir como tornar uma especificação mais concreta através da aplicação das regras de refinamento. Em geral, são necessários vários passos sucessivos para chegarmos a um programa final: uma especificação (representada por M0 na Figura 7.1) é transformada em outra mais concreta (mais detalhada), e assim sucessivamente até que os tipos de dados e algoritmos estejam definidos, quando temos uma solução específica para o problema especificado. Vale salientar que essas regras fazem parte de um sistema de transformação, e não devem produzir novas especificações que violem as originais.

Verificação: Dada uma especificação φ e um programa P, mostrar que P é um modelo para a especificação φ (P satisfaz φ).

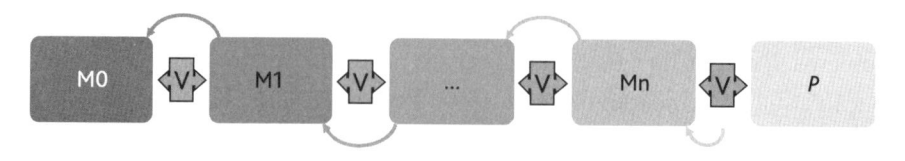

FIGURA 7.2 Verificação de programas

Diferente da síntese, como a especificação e o programa são fornecidos, fazemos uma verificação *a posteriori*. Nesta abordagem, devemos ter formas de comparar a especificação com o programa para que possamos provar que este último é um modelo para a especificação. Da mesma forma como temos na síntese de programas, o processo de desenvolvimento que utiliza verificação formal (Figura 7.2) pode envolver uma sequência de modelos do sistema que vão desde o mais abstrato até o mais concreto, que é o próprio programa.

Esta será a estratégia usada neste capítulo para provarmos a correção dos programas (utilizaremos um processo de desenvolvimento que compara a especificação M0 com o programa P, sem etapas intermediárias). A alternativa de apresentar esta abordagem está baseada principalmente na facilidade de mostrar o uso da lógica, e seus sistemas de prova, na especificação e prova de correção de programas. Por outro lado, vários desenvolvimentos têm sido realizados nesta área, inclusive com aplicação na indústria.

Na prática, o uso da verificação formal aparece em várias situações. Aqui relatamos apenas algumas usuais ao desenvolvimento de programas:

Análise: Dado um programa P, encontrar uma especificação φ que defina o problema para o qual o programa P é uma solução. A partir daí podemos descobrir se o programa resolve o problema desejado.

Esta estratégia é usada, em geral, quando temos sistemas prontos que não possuem uma especificação adequada e alguns problemas são encontrados. Uma especificação inadequada surge, por exemplo, quando o sistema sofre várias manutenções evolutivas mas sua documentação não é devidamente modificada. Em certas ocasiões, o sistema pode produzir resultados inadequados sem que possamos determinar precisamente quais partes do sistema estão provocando tais problemas. A análise tem como objetivo resgatar a especificação atual de um sistema para que a origem dos resultados indesejados sejam detectados (Ammons; Bodik; Larus, 2002; Shomam et al., 2008; Lo e Maoz, 2012). Neste caso, faz-se necessária a correção dos programas. Em outras ocasiões, as especificações de programas servem como resgate do problema para que seja usada como documentação do sistema.

Correção: Dada uma especificação φ e um programa P que não satisfaz φ, construir um programa P' que satisfaça φ e seja próximo de P (considerando uma medida de proximidade – código, por exemplo).

Podemos ter a especificação de um problema e construirmos, por acidente, um programa correspondente que não satisfaz à especificação. Assim, precisamos construir um novo programa que satisfaça dada especificação. Em geral, o novo programa é uma correção do original, modificado para atender à especificação, que pode ser verificado formalmente quanto a sua satisfatibilidade em relação à especificação.

Outra situação comum se dá quando os sistemas sofrem modificações para atender a novos requisitos. Neste caso, a especificação do problema é refeita para atender aos novos requisitos, e um novo programa deve ser construído para atender à nova especificação. O novo programa é, em geral, uma modificação de programas anteriores e, portanto, uma *correção* de programa para que atenda à nova especificação.

Otimização: Dada uma especificação φ e um programa P que satisfaz φ, encontrar um programa P' equivalente a P que seja ótimo sob determinadas medidas de complexidade.

Na prática, queremos substituir um programa por outro mais eficiente. Isto é necessário para vários casos em que encontramos programas frequentemente usados em um sistema, mas que não têm um desempenho adequado. Neste caso, devemos produzir um novo programa P' com a eficiência adequada, mas que conserve o comportamento do programa P. O novo programa P' pode ser comparado tanto com o programa P (equivalência) quanto se satisfaz à especificação φ. Assim, tanto relações de equivalência quanto de satisfatibilidade podem ser utilizadas nesta abordagem, e técnicas de verificação podem ser usadas em ambas as comparações.

Na verificação de programas, faz-se necessária a comparação entre a especificação e o programa correspondente. De uma forma geral, se a especificação for escrita em linguagem natural, não há como comparar a especificação com o programa de forma matemática. Para que provemos que um programa satisfaz uma dada especificação, precisamos construir um sistema de provas, e não há como construirmos tal sistema baseado em linguagem natural pela falta de precisão e ambiguidades de sentenças na linguagem.[1] O que usualmente fazemos quando a especificação é dada em linguagem natural é submeter o programa a

---

[1] Existem iniciativas para utilizar uma linguagem natural controlada (com um número restrito de sentenças) e tranformá-la em uma linguagem formal (Cabral e Sampaio, 2008; Schwitter, 2002).

um conjunto de testes para nos certificarmos de que o programa funciona adequadamente. Os testes de programas servem para fazermos sua **validação**, mas a verificação de programas só pode ser realizada mediante um sistema de provas.

Portanto, para verificarmos programas necessitamos de:

1. uma especificação escrita em uma linguagem com fundamento matemático para que seja precisa e não ambígua;
2. o programa escrito em uma linguagem que tem o significado de seus comandos definidos de forma precisa — semântica formal da linguagem de programação;
3. uma forma de associar e comparar as asserções da especificação com os comandos do programa; as linguagens de especificação e programação devem, portanto, ser comparáveis; e
4. um sistema de provas que usamos para mostrar que um programa satisfaz uma dada especificação.

A linguagem de especificação utilizada neste livro será a já definida no Capítulo 6, baseada na lógica de predicados juntamente com operações definidas sobre números inteiros e vetores. A linguagem de programação terá sua sintaxe definida na Seção 7.2. A semântica da linguagem será definida juntamente com um sistema de provas associado nas Seções 7.4 e 7.5 através da lógica de Hoare (Moare, 1969). Desta forma, associamos as asserções com os comandos dos programas através das regras do sistema de provas.

■ 7.2 Uma linguagem de programação

A linguagem de programação L aqui usada corresponde a um subconjunto dos comandos de linguagens de programação tais como C, C++ e Java. Este subconjunto escolhido das linguagens, que forma a nossa linguagem L, é capaz de computar os mesmos problemas que as outras linguagens aqui citadas, mas certamente de uma forma mais rudimentar (sem tantas facilidades quanto as outras). A razão para a escolha de um subconjunto essencial da linguagem de programação é para manter a simplicidade dos elementos semânticos a serem definidos. Além disso, alguns comandos mais sofisticados dessas linguagens podem ser definidos a partir desse conjunto essencial de comandos. Outras características, como vinculação dinâmica de escopo, necessitariam de extensões sofisticadas no sistema de provas e desvirtuaria o propósito principal deste livro, que é mostrar o uso da lógica na prova de programas.

A linguagem de programação L tem como tipos de dados primários os domínios dos **números inteiros** e os **booleanos**. Assim, temos as expressões definidas sobre números inteiros (expressões aritméticas) e outras sobre valores booleanos (expressões lógicas). O outro domínio sintático da linguagem são os comandos, responsáveis pelas transformações de estados dos programas. A sintaxe da linguagem é a seguinte:

Expressões aritméticas: Seja n um número no domínio dos inteiros $(...,-1,0,1,...)$ e x uma variável que tem como conteúdo um valor do domínio dos inteiros,

$$E ::= n \mid x \mid (-E) \mid (E+E) \mid (E-E) \mid (E*E)$$

- as operações básicas sobre inteiros ($+,-,*$ são soma, subtração e multiplicação) têm o significado usual;
- a prioridade dos operadores também é usual: o " $-$ " unário é o de maior prioridade, seguido do $*$, e $+,-$ binários que têm a mesma prioridade. Portanto, usamos parênteses para auxiliar a definição das expressões sobre inteiros, assim como na matemática.

Expressões lógicas: Seja {true, false} o conjunto de valores booleanos,

$$B ::= \mid \text{true/false} \mid (!B) \mid (B \& B) \mid (B \| B) \mid (E<E) \mid (E==E) \mid (E!=E)$$

- !, &, ‖ representam negação, conjunção e disjunção, respectivamente;
- ! tem a mais alta prioridade, e & e ‖ têm a mesma prioridade. Parênteses também são usados para determinar prioridades nas expressões;
- as comparações sobre inteiros resultam em um valor booleano. < representa o menor, == representa a igualdade entre valores inteiros, e !=, a diferença entre valores inteiros. As comparações == e != podem ser definidas a partir da ≤ e da negação, mas foram introduzidas aqui para facilitar a leitura das expressões lógicas dos programas. Mais uma vez, parênteses também são permitidos nessas expressões para determinar as prioridades.

Comandos: Considere as expressões aritméticas e lógicas definidas na página anterior, x uma variável do tipo inteiro e as chaves ({}) para demarcar os blocos de comandos,

$$C ::= x := E \mid C;C \mid \mathtt{if}\, B\, \{C\} \mathtt{else} \{C\} \mid \mathtt{while}\, B\, \{C\}$$

- $x := E$ corresponde ao comando de atribuição: a expressão aritmética E é avaliada, e o resultado desta é associado como conteúdo da variável x;
- $C1;C2$ corresponde ao comando de composição sequencial: o comando $C1$ é executado inicialmente e, após o término da sua execução, o comando $C2$ é executado. É importante salientar que se o comando $C1$ não termina, o comando $C2$ não pode ser executado. Além disso, o comando $C2$ é executado sobre o estado do programa já modificado pelo comando $C1$;
- $\mathtt{if}\, B\, \{C1\}\mathtt{else}\{C2\}$ corresponde ao comando condicional: a expressão lógica B é avaliada e, se o resultado desta expressão for `true` o bloco de comandos $\{C1\}$ será executado, e se for `false` o bloco de comandos $\{C2\}$ será executado;
- $\mathtt{while}\, B\, \{C\}$ corresponde ao comando de repetição da linguagem: a expressão lógica B é inicialmente avaliada sobre o estado atual, e se o valor resultado for `true`, o bloco de comandos $\{C\}$ será executado. Após a execução do bloco de comandos, B será novamente avaliada sobre o estado atual (após a execução do bloco de comandos). Se a expressão B é avaliada e tem o valor `false` como resultado, o comando termina.

Aqui, definimos os comandos da linguagem de forma intuitiva, assim como os conhecemos das linguagens de programação no mercado. Como já mencionado anteriormente, para que possamos verificar os programas em relação às especificações correspondentes, precisamos definir precisamente o efeito de cada comando, a semântica formal dos comandos da linguagem.

Considerando que um programa sequencial é essencialmente um transformador de dados de um estado inicial para dados em um estado final, a ideia mais intuitiva dessas transformações pode ser definida pela **semântica operacional** (Winskel, 1993), a qual denota o efeito sobre o estado do programa para cada comando da linguagem. Assim, o programa possui um estado inicial e sofre efeitos sucessivos de mudanças de estados, através de seus comandos, até chegar ao estado final. A execução de um comando C no estado atual σ provoca um efeito sobre o estado do programa, que passa a ser σ':

$$<C,\sigma> \to \sigma'$$

A semântica operacional deve denotar os efeitos de todos os comandos da linguagem de programação, e, para isso, deve ser definida sobre todos os comandos e expressões da linguagem. A semântica é, de fato, definida sobre todos os elementos sintáticos da linguagem, e a semântica de um programa é inferida a partir da semântica de cada um de seus comandos em particular (por indução estrutural).

Exemplo 7.2.1: No comando de atribuição $x := E$, por exemplo, temos a avaliação da expressão E no estado atual

$$<E,\sigma> \to m$$

m é o resultado da avaliação da expressão E no estado σ. O efeito da atribuição da expressão E a uma variável x no estado σ é, portanto:

$$<x := E,\sigma> \to \sigma[m/x]$$

quando o resultado da avaliação de E é m no dado estado. Note que o novo estado ($\sigma[m/x]$) é obtido a partir do estado σ, com a diferença de que o conteúdo associado à variável x passa a ser m. A regra de inferência para o comando de atribuição na semântica operacional pode então ser escrito por:

$$\text{Atrib-Operacional} \frac{<E,\sigma> \to m}{<x := E,\sigma> \to \sigma[m/x]}$$

que é lido: se E é avaliado com o valor m no estado σ, então o efeito do comando de atribuição $x := E$ sobre o programa, no mesmo estado, será a geração do novo estado $\sigma[m/x]$.

Vale salientar que, para que obtenhamos tal efeito do comando de atribuição, precisamos ter definido também a semântica das expressões aritméticas (como avaliar E no estado σ?). Da mesma forma, as expressões lógicas e todos os outros comandos também devem ter suas semânticas definidas.

Exemplo 7.2.2. Para exemplificarmos o uso da semântica do comando de atribuição definido no Exemplo 7.2.1, considere o programa:

```
1    a := 5 ;
```

O programa possui uma variável que não possui valor associado inicialmente. O estado inicial do programa é, portanto, denotado pelo estado

$$\sigma = \{(a,?)\}$$

como a avaliação da expressão 5 no estado σ é o valor 5,

$$<5,\sigma>5 \to 5$$

temos que,

$$<a:=5,\sigma> \to \sigma[5/a]$$

chegando ao estado final:

$$\sigma' = \sigma[5/a] = \{(a,5)\}$$

Na notação de regra de inferência:

$$\Box \frac{<5,\sigma> \to 5}{<a:=5,\sigma> \to \sigma[5/a]}$$

Apesar de ser uma maneira intuitiva de denotar a semântica das linguagens, a semântica operacional não faz uma representação explícita entre asserções que denotam as pré e pós-condições dos programas. Como nosso objetivo primordial neste capítulo é a verificação, devemos ter um sistema de provas, para que dada a especificação do programa, através das suas pré e pós-condições, e um programa, provemos que o programa satisfaz à especificação:

$$\langle \varphi \rangle \, Prog \, \langle \psi \rangle \qquad (7.1)$$

Uma interpretação para a asserção anterior é dada por (correção parcial):

para todo estado σ que satisfaz φ, se a execução de *Prog* a partir do estado σ termina produzindo o estado σ', então σ' satisfaz ψ.

A asserção 7.1 é chamada **Tripla de Hoare**, por ter sido proposta por C. A. R. Hoare com o objetivo de provar a correção de programas. Na prática, queremos um sistema (cálculo) de provas para provar a validade da asserção 7.1:

$$\vdash \langle \varphi \rangle \, Prog \, \langle \psi \rangle$$

Complementando a ideia inicial das **triplas**, Hoare também desenvolveu um sistema de provas no qual as regras relacionam cada construtor da linguagem de programação com as asserções necessárias. Historicamente, regras similares foram definidas por R. W. Floyd para provar diagramas de fluxo (Floyd, 1967) e, posteriormente, adaptadas por Hoare para programas. Por isso, são também denominadas regras Floyd-Hoare. Além disso, os autores inicialmente propuseram as regras como uma forma de dar significado aos comandos de programas em termos de *axiomas* que designam como provar as propriedades. Por esta razão, esta abordagem para definição dos comandos é também denominada **semântica axiomática** (Winskel, 1993).

Nas seções que seguem mostraremos o que é um sistema de provas baseado em lógica para a prova de asserções em programas.

■ 7.3 Prova de programas

Sob o ponto de vista prático, o que significa construir um sistema de provas para provar asserções como

$$\vdash \langle \varphi \rangle \, Prog \, \langle \psi \rangle \, ? \qquad (7.2)$$

As precondições φ são propriedades sobre o estado inicial do programa *Prog*. Podemos ter, por exemplo, um estado particular σ que satisfaça a asserção φ

$$\sigma \vdash \varphi$$

então, após a execução do programa *Prog* sobre o estado σ, um estado σ' é produzido e σ' satisfaz ψ:

$$\sigma \vdash \varphi \rightarrow \lceil Prog \rfloor_\sigma \vdash \psi$$

onde *Prog* termina se executado sobre um estado que satisfaz φ, e $\lceil Prog \rfloor_\sigma$ representa o estado produzido por *Prog* após sua execução sobre o estado σ.

A asserção 7.2, contudo, deve ser válida para todos os estados que satisfazem σ:

$$\forall \sigma\, (\sigma \vdash \varphi) \rightarrow \lceil Prog \rfloor_\sigma \vdash \psi$$

Nas discussões anteriores, assumimos que o programa *Prog* termina quando executado sobre os estados σ. Na prática, contudo, temos programas que não param, mas não mencionamos ainda como lidar com eles. As provas de programas podem, de fato, ser divididas em: provas quando assumimos que o programa para, e provas que têm como tarefa também provar a terminação do programa. Definimos a seguir estas duas noções de provas.

Definição 7.3.1 (Correção parcial) *A tripla*

$$\langle \varphi \rangle\, Prog\, \langle \psi \rangle$$

é satisfeita sob correção parcial se, para todos os estados que satisfazem ϕ, o estado resultante da execução do programa Prog *satisfaz a pós-condição ψ se* Prog *termina. Neste caso, $\vdash_{par}$ é a relação de satisfatibilidade para a correção parcial:*

$$\vdash_{par}\ \langle \varphi \rangle\, Prog\, \langle \psi \rangle$$

Correção parcial é um requisito ineficiente, na prática, porque não garante a terminação do programa: qualquer programa que não termina satisfaz sua especificação. Na outra noção de correção, a satisfatibilidade, bem como a terminação do programa, devem ser provadas. Tal noção é definida como segue:

Definição 7.3.2 (Correção total) *A tripla*

$$\langle \varphi \rangle \, Prog \, \langle \psi \rangle$$

é satisfeita sob correção total se, para todos os estados que satisfazem φ*, o estado resultante da execução do programa* Prog *satisfaz a pós-condição* ψ *e* Prog *termina. Neste caso,* $\vdash_{tot}$ *é a relação de satisfatibilidade para a correção total:*

$$\vdash_{tot} \langle \varphi \rangle \, Prog \, \langle \psi \rangle$$

Note que qualquer programa que entra em um laço infinito de repetição não satisfaz sua especificação sob a relação de correção total. Esta relação é, obviamente, muito mais útil na prática, e nosso interesse se concentra nela. Contudo, provar correção total de programas pode ser dividida em: provar correção parcial e provar que o programa termina.

Exemplo 7.3.1 Suponha um programa *Fat* que calcula o fatorial de um número inteiro n:

PROGRAMA:
```
1 fat := 1;
2 i := 0;
3 while (i != n)
4 {i := i + 1 ;
5    fat = fat * i;
6 }
```

Considere a especificação do problema do cálculo de fatorial (já apresentada nos Exemplos 6.3.4 e 6.3.5).

ESPECIFICAÇÃO:
    Pre : $n \geq 0$
    Pos : $fat = n!$

Reescrevendo o problema acima usando as triplas de Hoare, temos:

$$\langle n \geq 0 \rangle \, Fat \, \langle fat = n! \rangle$$

Agora queremos provar que o programa *Fat* satisfaz a especificação, tanto para a relação de correção parcial quanto total de programas.

$$\vdash_{par} \langle n \geq 0 \rangle \; Fat \; \langle fat = n! \rangle \; ?$$

$$\vdash_{tot} \langle n \geq 0 \rangle \; Fat \; \langle fat = n! \rangle \; ?$$

Para provar a **correção parcial** ($\vdash_{par}$), dado que o programa *Fat* termina, precisamos verificar se a variável *fat* contém o resultado da função fatorial para o dado *n*, quando *n* é um número natural. Para este programa, é fácil averiguar que, para números naturais, o programa calculará o fatorial de *n* como requisitado.

Para provar a **correção total** ($\vdash_{tot}$), precisamos verificar se a variável *fat* contém o resultado da função fatorial para o dado *n*, quando *n* é um número natural, e *se o programa Fat termina*. A argumentação sobre o resultado produzido pelo programa é o mesmo que o anterior. Contudo, para a correção total, precisamos ainda provar que o programa termina: como a condição de parada do comando de repetição depende da variável *i*, que é incrementada de 0 até *n*, e *n* é um número natural, podemos argumentar que o programa terá um número finito de passos de execução (termina). Por isso, o programa *Fat* satisfaz a especificação dada.

Podemos ter ainda uma especificação para um problema similar:

Exemplo 7.3.2 Consideremos novamente o programa *Fat* para calcular o fatorial de um número inteiro *n*:

PROGRAMA

```
1  fat := 1;
2  i := 0;
3  while (i != n)
4    { i := i + 1 ;
5      fat = fat * i;
6  }
```

Com a descrição informal do problema (p. 199), se o especificador não tiver conhecimento do domínio da função fatorial, pode produzir uma especificação que não restringe o domínio de dados de entrada do programa:

$$\langle \texttt{true} \rangle \ Fat \ \langle fat = n! \rangle$$

O que acontece se quisermos provar a correção parcial e total da asserção acima?

$$\vdash_{par} \langle \texttt{true} \rangle \ Fat \ \langle fat = n! \rangle \ ?$$

$$\vdash_{tot} \langle \texttt{true} \rangle \ Fat \ \langle fat = n! \rangle \ ?$$

Para provar a correção parcial ($\vdash_{par}$), precisamos verificar: se o programa *Fat* termina, então a variável *fat* contém o resultado da função fatorial para o dado *n*, quando *n* é um número inteiro. Neste caso, como estamos interessados apenas nos resultados do programa para dados de entrada que ele termina, nem precisamos recorrer aos dados de entrada. A argumentação da satisfatibilidade é similar à do Exemplo 7.3.1.

Para provar a correção total ($\vdash_{tot}$), contudo, precisamos verificar se a variável *fat* contém o resultado da função fatorial para o dado *n* inteiro, e *se o programa Fat termina*. A argumentação sobre o resultado produzido pelo programa é o mesmo que o anterior. O término do programa pode ser provado para os números naturais (como no Exemplo 7.3.1), mas falha para os inteiros negativos: como *i* é decrementado e *n* é negativo, *i* não convergirá para o valor de *n* e o programa não para.

Nos exemplos acima, mostramos apenas de maneira informal, através de argumentações, quando as correções parcial ou total são satisfeitas ou falham. Mas essas argumentações não constituem provas dessas relações. Nas seções que seguem, definiremos os sistemas de prova para verificar (formalmente) tanto a **correção parcial** quanto a **correção total** de programas.

■ 7.4 Correção parcial de programas

Argumentamos até o momento que desejamos provar as triplas de Hoare, que foram definidas considerando o programa como um todo. O sistema de provas para isto é definido sobre cada elemento sintático da linguagem, e as provas são realizadas usando indução sobre as estruturas dos programas. Ou seja, as regras provam a correção de uma asserção para um comando mais complexo pela prova de correção das asserções de seus subcomandos. Devemos, então, distinguir dois elementos no sistema de provas: as regras de inferência sobre cada um dos elementos sintáticos dos programas e o mecanismo de prova utilizando as regras definidas.

7.4.1 Regras

As regras apresentadas na Tabela 7.1 são uma adaptação das apresentadas por Hoare em Hoare, 1969, as **regras de Hoare** para a linguagem descrita na Seção 7.2. O conjunto dessas regras forma a **Lógica de Hoare**.

$$\text{Composição} \quad \dfrac{\langle \varphi \rangle \; C1 \; \langle \eta \rangle \quad \langle \eta \rangle \; C2 \; \langle \psi \rangle}{\langle \varphi \rangle \; C1; C2 \; \langle \psi \rangle}$$

$$\text{Atribuição} \quad \dfrac{}{\langle \psi[E/x]\rangle \; x := \; E \; \langle \psi \rangle}$$

$$\text{IfElse} \quad \dfrac{\langle \varphi \wedge B \rangle \; C1 \; \langle \psi \rangle \quad \langle \varphi \wedge \neg B \rangle \; C2 \; \langle \psi \rangle}{\langle \varphi \rangle \; \texttt{if} \; B \; \{C1\} \; \texttt{else} \; \{C2\} \; \langle \psi \rangle}$$

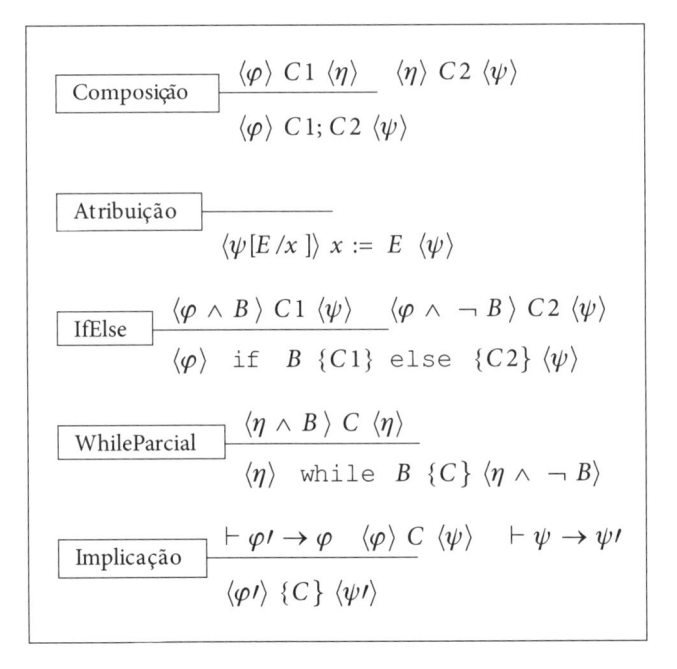

$$\text{WhileParcial} \quad \dfrac{\langle \eta \wedge B \rangle \; C \; \langle \eta \rangle}{\langle \eta \rangle \; \texttt{while} \; B \; \{C\} \; \langle \eta \wedge \neg B \rangle}$$

$$\text{Implicação} \quad \dfrac{\vdash \varphi\prime \to \varphi \quad \langle \varphi \rangle \; C \; \langle \psi \rangle \quad \vdash \psi \to \psi\prime}{\langle \varphi\prime \rangle \; \{C\} \; \langle \psi\prime \rangle}$$

TABELA 7.1   Regras de prova (parcial)

O entendimento das regras é relativamente fácil, com exceção talvez daquelas para os comandos de atribuição e repetição (while):

Composição – Dadas as especificações para os fragmentos de programa C1 e C2:

$$\langle\varphi\rangle C1\langle\eta\rangle \quad \langle\eta\rangle C2\langle\psi\rangle$$

a regra de Composição nos permite concluir:

$$\langle\varphi\rangle C1;C2\langle\psi\rangle$$

Em outras palavras, se já temos provado $\langle\varphi\rangle$ C1 $\langle\eta\rangle$ e $\langle\eta\rangle$ C2 $\langle\psi\rangle$, podemos provar também $\langle\varphi\rangle$ C1;C2 $\langle\psi\rangle$.

Atribuição – A regra para a atribuição não contém premissas e é, portanto, um axioma da lógica. Segundo esta regra, se quisermos provar que a propriedade ψ é satisfeita após a atribuição $x := E$, precisamos provar também que $\langle\psi[E/x]\rangle$ é satisfeita no estado que antecede o comando de atribuição sendo que a fórmula ($\psi[E/x]$ deve ser interpretada como a fórmula ψ transformada de forma que todas as ocorrências livres de x sejam substituídas pela expressão E).

De uma leitura desta regra com pouca atenção, temos o ímpeto de pensar que ela foi escrita às avessas. Contudo, desejamos provar a satisfatibilidade de propriedades sobre programas em relação aos resultados produzidos. Da mesma forma, queremos provar asserções após o comando de atribuição, a asserção ψ. Como sabemos que x contém o valor da expressão E no estado que deve satisfazer ψ (neste ponto do programa, a atribuição $x := E$ foi realizada), então a asserção a ser satisfeita antes da atribuição é a própria ψ. Mas a propriedade ψ é formulada sobre um estado quando a atribuição já foi realizada, enquanto tal atribuição ainda não foi realizada antes do comando. Assim, a propriedade a ser satisfeita antes da atribuição é a própria ψ, com todas as ocorrências de x substituídas pela expressão E, $\psi[E/x]$.

IfElse – A regra de prova para o comando `if-else` permite a prova de triplas do tipo

$$\langle\varphi\rangle \;\texttt{if}\; B\,\{C1\}\;\texttt{else}\,\{C2\}\langle\psi\rangle$$

pela decomposição desta em duas outras: uma quando a condição B é verdadeira, e outra quando esta condição é falsa. A precondição φ deve ser satisfeita antes de executar o comando, independente se a condição é verdadeira ou falsa. Da mesma forma, a pós-condição ψ deve ser satisfeita após a execução dos comandos C1 e C2, dependendo da condição B. Então, a prova da satisfatibilidade do comando em relação à especificação pode ser desmembrada em

$$\langle \varphi \wedge B \rangle C1 \langle \psi \rangle$$

e

$$\langle \varphi \wedge \neg B \rangle C2 \langle \psi \rangle$$

A partir das provas dos dois elementos acima, podemos concluir a prova do comando `if-else`. Isto mostra mais uma vez a característica composicional do sistema de provas a ser formulado a partir dessas regras.

WhileParcial – É o comando mais sofisticado da nossa linguagem e, portanto, é esperado que a regra para sua prova também seja a mais sofisticada:

$$\langle \eta \rangle \text{ while } B \: \{C\} \langle \eta \wedge \neg B \rangle$$

Uma das ideias centrais desta regra é ter uma propriedade (η) preservada ao longo das iterações do comando de repetição, que chamamos **invariante** do comando de repetição. No comando, temos a condição B que depende de algumas variáveis, e uma sequência de comandos (\{C\}) a ser executados quando a condição é verdadeira. As variáveis relacionadas à condição B são, em geral, modificadas ao longo da execução do comando C, enquanto o invariante η proposto (uma propriedade) deve ser satisfeito antes e depois da execução dos comandos. Assim, independentemente de quantas iterações temos no dado comando de repetição, o invariante deve ser satisfeito sempre antes e depois de o bloco de comandos C ser executado (é assumido que o comando C termina). Esta restrição é retratada na premissa da regra de inferência do `WhileParcial`:

$$\langle \eta \wedge B \rangle \: C \langle \eta \rangle.$$

Imediatamente após a execução do comando `while`, a condição B deve ser negativa ($\neg B$) e o invariante η, preservado, como definido na conclusão da regra:

$$\langle \eta \wedge \neg B \rangle.$$

Implicação — A regra da implicação nos diz que se já provamos

$$\vdash \varphi' \to \varphi$$

e

$$\vdash \psi \to \psi'$$

e, ainda, que o comando C satisfaz sua especificação:

$$\langle \varphi \rangle \, C \, \langle \psi \rangle$$

então, temos também a prova de

$$\langle \varphi' \rangle \, \{C\} \, \langle \psi' \rangle$$

Esta regra faz a conexão entre as provas que podemos ter na lógica de predicados, usada na especificação dos problemas, com a lógica de programas aqui apresentada. Isto nos permite considerar as provas na lógica de predicados como parte das provas de programas. Essa regra amplia a lógica de programas para que considere provas sobre os predicados e estabelece, portanto, o elo entre especificação e programas.

7.4.2 Sistema de provas

A partir das regras de Hoare, temos a noção de derivação de provas de comandos a partir de elementos menores e, consequentemente, um sistema de provas. As derivações são então as **provas,** e a conclusão, um **teorema**.

Uma vez que temos as regras de Hoare como lógica para a prova de programas, precisamos agora de um mecanismo para usar tais regras e produzir as provas. Como as próprias regras sugerem, provar um programa consiste em compor a prova de cada um dos comandos na sequência em que aparecem no programa, através da regra `Composição`. Assim, provar que o programa P

$$C0;$$
$$C1;$$
$$C2;$$
$$\vdots$$
$$Cn$$

satisfaz a especificação

$$\texttt{Pre}:\varphi$$
$$\texttt{Pos}:\psi$$

$$\vdash_{par} \langle\varphi\rangle\, P\, \langle\psi\rangle$$

corresponde a provar cada um dos comandos para suas pré e pós-condições individuais:

$$\langle\varphi\rangle$$
$$C0;$$
$$\langle\varphi_1\rangle$$
$$C1;$$
$$\langle\varphi_2\rangle$$
$$\vdots$$
$$\langle\varphi_n\rangle$$
$$Cn$$
$$\langle\psi\rangle$$

O que corresponde a:

$$\vdash_{par}\ \langle\varphi\rangle\, C0\, \langle\varphi_1\rangle$$
$$\vdash_{par}\ \langle\varphi_1\rangle\, C1\, \langle\varphi_2\rangle$$
$$\vdots$$
$$\vdash_{par}\ \langle\varphi n\rangle\, Cn\, \langle\psi\rangle$$

A decisão da regra a ser aplicada para provar cada comando é determinada pela sintaxe do comando; se é uma Atribuição, um IfElse etc. Mas note que introduzimos asserções intermediárias entre os comandos (φ_1, φ_2, ...,φ_n). Como encontrar tais asserções quando temos apenas a especificação das pré (φ) e pós-condições (ψ) do problema?

Em princípio, queremos provar que o programa produz um resultado que satisfaz a pós-condição ψ se tivermos, como premissa, φ sobre o estado inicial do programa. Com este objetivo podemos, por exemplo, argumentar a aplicação da regra Atribuição:

$$\text{Atribuição} \quad \overline{\langle \psi[E/x] \rangle x = E \langle \psi \rangle}$$

Exemplo 7.4.1 Suponha que queremos verificar se:

$$\vdash_{par} \quad \langle \text{true} \rangle \ x := 5 \ \langle x > 0 \rangle$$

Em outras palavras, queremos verificar se o programa dado produz um resultado (denotado pela variável x) maior que zero. Como temos apenas um comando de atribuição no programa, devemos utilizar a regra Atribuição:

$$\begin{array}{l} \langle \text{true} \rangle \\ \langle (x > 0)[5/x] \rangle \equiv \langle 5 > 0 \rangle \\ x := 5 \\ \langle x > 0 \rangle \end{array}$$

Neste passo de prova, olhamos o que queríamos provar ($x > 0$) e descobrimos qual deve ser a propriedade antes do comando de atribuição do programa ($5 > 0$). Veja que esta asserção intermediária é calculada através da aplicação da regra Atribuição. Agora, para completar a prova, devemos verificar se a pré-condição true é suficiente para provar esta nova asserção requerida:

$$\text{true} \to (5 > 0)?$$

Como a asserção $5 > 0$ é verdadeira no domínio dos inteiros, temos que a implicação acima também o é, finalizando assim a prova do programa após a aplicação da regra Implicação.

Assim como na Atribuição, a aplicação das regras sobre os demais comandos segue a mesma ordem: "olhamos o que queremos provar, para, então, introduzir asserções intermediárias até que cheguemos à verificação se a premissa é suficiente para provarmos a asserção do topo do programa".

As provas aqui serão apresentadas em uma tabela com os seguintes elementos:

Regra	Passo	Asserção	Programa

onde **Regra** e **Passo** representam o nome da regra a ser aplicada e o passo da prova respectivamente (o passo da prova não é necessário, mas foi introduzido aqui para que o leitor acompanhe o momento em que as regras são aplicadas). A prova do programa do **Exemplo** 7.4.1 pode ser então expressa de forma resumida como:

Regra	Passo	Asserção	Programa
Implicação	2	true $\rightarrow$ $(5>0)\checkmark$	
Atribuição	1	$5>0$	x := 5;
	0	$x>0$	

No passo 0 olhamos a pós-condição que desejamos para o programa ($x>0$); no passo 1 aplicamos a regra Atribuição e descobrimos qual a precondição para o dado comando: substituindo as ocorrências de x pela expressão da atribuição (5) na pós-condição do comando ($x>0$). Como neste caso particular a expressão é 5, substituimos x por 5 na asserção $x>0$, obtendo a nova asserção $5>0$.

Como chegamos ao topo do programa, devemos agora provar que a precondição do programa true é suficiente como premissa para provarmos a asserção requerida no topo do programa, executando assim o passo 2. Neste ponto, o programa é provado correto se conseguimos provar a asserção produzida pelo passo 2. Tal prova, no entanto, deve recorrer a um sistema de provas para a lógica de predicados que considera o domínio dos inteiros. Só depois desta prova podemos concluir a prova do programa (usamos o símbolo $\checkmark$ para denotar que foi provado e $\times$ para denotar que não pode ser provado).

A prova do programa pode ser lida de cima para baixo, mas a aplicação das regras é realizada de baixo para cima: partindo da pós e subindo até a precondição. Apresentamos a seguir provas para programas simples visando ilustrar a aplicação de cada uma das regras da Tabela 7.1.

Atribuição

Exemplo 7.4.2 Seja Suc um programa que deve calcular o sucessor de um número no domínio dos inteiros. A especificação do problema é dada por:

Especificação:
    Pre : true
    Pos : $suc = x + 1$

Programa:

1 suc := x + 1

Verificação:

$$\vdash_{par} \langle \text{true} \rangle \; Suc \; \langle suc = x+1 \rangle$$

Regra	Passo	Asserção	Programa
Implicação	2	$\text{true} \rightarrow (x+1 = x+1) \checkmark$	
Atribuição	1	$x+1 = x+1$	$suc := x + 1;$
	0	$suc = x+1$	

Note que no passo 1 aplicamos a regra Atribuição e assim geramos uma nova asserção, onde a variável de asserção suc é substituída por $x+1$. Assim, a asserção $x+1 = x+1$ é gerada a partir da pós-condição $suc = x+1$ e a aplicação da regra Atribuição. No passo 2 devemos provar que true é suficiente para provar a asserção gerada ($x+1 = x+1$). Novamente, recorremos às lógica de predicados e teoria dos inteiros para provar essa asserção gerada pela regra Implicação.

```
Composição
```

Da mesma forma que no comando de atribuição, a regra sobre composição também pode ser aplicada diretamente quando o comando é sintaticamente reconhecido. É importante salientar que se temos a pré e a pós-condições para o programa e iniciamos a prova pela pós-condição, podemos descobrir a asserção necessária antes do último comando, e assim sucessivamente até chegarmos ao topo do programa, onde encontramos a precondição. Esta regra da composição permite que as provas sejam realizadas de forma composicional, na qual provamos apenas um comando por vez.

Exemplo 7.4.3 Seja `SucPred` um programa que deve calcular o sucessor e o predecessor de um número no domínio dos inteiros. A especificação do problema é dada por:

ESPECIFICAÇÃO:
    Pre: true
    Pos: $pred = x - 1 \land suc = x + 1$

PROGRAMA:

```
1  suc := x + 1;
2  pred := x - 1;
```

VERIFICAÇÃO:

$$\vdash_{par} \langle \texttt{true} \rangle \ \texttt{SucPred} \ \langle pred = x - 1 \land suc = x + 1 \rangle$$

Regra	Passo	Asserção	Programa
Implicação	3	$\texttt{true} \to (x-1 = x-1 \land x+1 = x+1)\checkmark$	
Atribuição	2	$x-1 = x-1 \land x+1 = x+1$	$\texttt{suc} := \texttt{x + 1};$
Atribuição	1	$x-1 = x-1 \land suc = x+1$	$\texttt{pred} := \texttt{x - 1};$
	0	$pred = x-1 \land suc = x+1$	

A asserção $x-1 = x-1 \wedge suc = x+1$, gerada a partir da pós-condição e da aplicação da regra `Atribuição` no passo 1, passa a ser a pós-condição para o comando $suc := x+1$. Por causa da regra `Composição`, podemos novamente aplicar a regra `Atribuição` gerando, assim, a nova asserção $x-1 = x-1 \wedge x+1 = x+1$ no passo 2. Esta nova asserção deve então ser provada no topo do programa considerando a precondição `true`, como indicado no passo 3.

`IfElse`:

Para o comando *IfThenElse* temos duas alternativas: quando a condição é verdadeira e quando é falsa:

$$\text{IfElse} \frac{\langle \varphi \wedge B \rangle\ C1\ \langle \psi \rangle \quad \langle \varphi \wedge \neg B \rangle\ C2\ \langle \psi \rangle}{\langle \varphi \rangle\ \text{if}\ B\ \{C1\}\ \text{else}\ \{C2\}\ \langle \psi \rangle}$$

Assim, quando iniciamos pela pós-condição e queremos levá-la para o topo do comando, devemos considerar duas situações:

1. quando a condição é verdadeira, devemos considerar o comando $C1$: a pós-condição do comando (ψ) deve ser levada ao topo considerando apenas o comando $C1$. Denotamos por φ_1 esta nova asserção considerando o $C1$;
2. quando a condição é falsa, devemos considerar o comando $C2$: a pós-condição do comando (ψ) deve ser levada ao topo considerando apenas o comando $C2$. Denotamos por φ_2 esta nova asserção considerando o $C2$.

Estas duas situações são refletidas nas premissas da regra `IfElse`:

$$\langle \varphi \wedge B \rangle\ C1\ \langle \psi \rangle \quad \langle \varphi \wedge \neg B \rangle\ C2\ \langle \psi \rangle$$

Para a primeira premissa, quando a condição é verdadeira (B), φ_1 deve ser verdadeira. Para a segunda, quando a condição é falsa ($\neg B$), φ_2 deve ser verdadeira. Como devemos considerar as duas premissas no topo do comando, a asserção necessária no topo do comando deve ser:

$$B \to \varphi_1 \land \neg B \to \varphi_2$$

A prova do comando é concluída com a prova desta última asserção, considerando $\langle \varphi \rangle$ como premissa. Mas, se o comando ainda não está no topo do programa a ser provado (muitas vezes temos uma sequência de comandos anteriormente), levamos tal asserção até o topo do programa para prová-la.

Utilizando a regra `IfElse` sobre o comando abaixo:

```
⟨φ⟩
if (B)
{C1}
else
{C2}
⟨ψ⟩
```

temos, portanto, os seguintes passos para a prova do comando `if-else`:

1. introduzir ψ como pós-condição de $C1$ e $C2$:

```
⟨φ⟩
if (B)
{C1
 ⟨ψ⟩ }
else
{C2
 ⟨ψ⟩ }
⟨ψ⟩
```

2. produzir as novas asserções como precondições de $C1$ e $C2$ a partir da pós-condição ψ: φ_1 e φ_2.

```
⟨φ⟩
if (B)
{ ⟨φ₁⟩
  C1
  ⟨ψ⟩ }
else
{ ⟨φ₂⟩
  C2
  ⟨ψ⟩ }
⟨ψ⟩
```

3. produzir a nova asserção no topo do comando que garanta a validade das asserções produzidas:

$$\frac{\langle\varphi\rangle}{\langle B \to \varphi_1 \wedge \neg B \to \varphi_2\rangle}$$
if (B)
$\{\ \langle\varphi_1\rangle$
 $C1$
 $\langle\psi\rangle\ \}$
else
$\{\ \langle\varphi_2\rangle$
 $C2$
 $\langle\psi\rangle\ \}$
$\langle\psi\rangle$

Neste último passo, devemos provar a nova asserção tendo como premissa a precondição φ, concluindo assim a prova de todo o comando. A seguir ilustramos a aplicação da regra com um programa simples.

Exemplo 7.4.4 Seja `Maisum` um programa que, dado um número inteiro, calcula o próximo número no domínio dos números naturais.

Especificação:
 Pre: true
 Pos: $num = 0 \vee num = x + 1$

Programa:
```
1 a := x + 1;
2 if (a < 0){
3    num := 0;
4 }
5 else{
6    num := a;
7 }
```

Verificação:
 $\vdash_{par} \langle\text{true}\rangle\,\text{Maisum}\ \langle num = 0 \vee num = x + 1\rangle$

Regra	Passo	Asserção	Programa
IMPLICAÇÃO	5	$\texttt{true} \to (((x+1)<0 \to 0=0 \vee 0 = x+1)\surd \wedge$ $(\neg((x+1)<0) \to x+1=0 \vee x+1=x+1)\surd)\surd$	
ATRIBUIÇÃO	4	$((x+1)<0 \to 0=0 \vee 0 = x+1) \wedge$ $(\neg((x+1)<0) \to x+1=0 \vee x+1=x+1)$	a := x + 1;
IfElse	3	$(a<0 \to 0=0 \vee 0 = x+1) \wedge$ $(\neg(a<0) \to a=0 \vee a=x+1)$	if (a < 0) {
ATRIBUIÇÃO	2	$0=0 \vee 0 = x+1$	num := 0;
IfElse	1	$num = 0 \vee num = x+1$	}
			else {
ATRIBUIÇÃO	2	$a = 0 \vee a = x+1$	num := a;
IfElse	1	$num = 0 \vee num = x+1$	}
	0	$num = 0 \vee num = x+1$	

Neste caso particular, temos em conjunto a aplicação das regras de composição, atribuição e do condicional `if-else`. Note que no passo 1 introduzimos a pós-condição após os blocos de comando do `if-else`. No passo 2, calculamos as asserções necessárias antes desses blocos de comandos e prosseguimos no passo 3 com a asserção necessária antes do comando `if-else` ($B \to \varphi_1 \wedge \neg B \to \varphi_2$). Assim, a prova da asserção do topo do `if-else` foi levada ao topo de todo o programa, como nos programas anteriores.

WhileParcial:
Todas as regras mostradas anteriormente são aplicadas diretamente aos programas sem que seja necessária a criação de novos elementos. Elas podem ser, portanto, aplicadas automaticamente. Para a aplicação da regra `WhileParcial`, no entanto, temos um novo elemento introduzido, o invariante.

Nos programas, queremos provar:

$$\langle \varphi \rangle \; \texttt{while} \; B \; \{C\} \; \langle \psi \rangle \tag{7.3}$$

assim como nos outros comandos mostrados até o momento. Contudo, a regra `WhileParcial` é definida usando asserções sobre uma mesma propriedade (η):

$$\boxed{\texttt{WhileParcial}} \frac{\langle \eta \wedge B \rangle \, C \, \langle \eta \rangle}{\langle \eta \rangle \; \texttt{while} \; B \; \{C\} \; \langle \eta \wedge \neg B \rangle}$$

Neste caso, a propriedade η deve ser satisfeita antes e depois de cada iteração do comando, assim como ao final dele. O que determina quando a iteração deve ser realizada é a condição B, que é falsa apenas ao final do comando, quando não devemos mais realizar as iterações.

Para aplicarmos a regra `WhileParcial` ao comando, como aparece em (7.3), devemos então *descobrir* o invariante η, tal que:

1. $\vdash \varphi \rightarrow \eta$
2. $\vdash (\eta \wedge B) \rightarrow \psi$

porque

$$\underline{\langle \varphi \rangle \; \langle \eta \rangle \; \texttt{while} \; B \; \{C\} \; \langle \eta \wedge \neg B \rangle \; \langle \psi \rangle}.$$

Mas, para que possamos aplicar a regra `WhiteParcial`, devemos ter como premissa:

$$\langle \eta \wedge B \rangle \, C \, \langle \eta \rangle$$

Então, se provarmos que η é de fato um invariante, a premissa pode ser usada. Assim como tivemos no comando `if-else`, se tivermos η como pós-condição do corpo do comando C, podemos descobrir a precondição a ser satisfeita antes de iniciar o corpo do comando: tendo η após o corpo C, levamos esta asserção para o topo de C, e descobrimos η'. Note que, antes de o corpo C ser executado, temos a asserção $\eta \wedge B$ na premissa. Esta asserção pode, então, ser usada para provarmos η'.

$$(\eta \wedge B) \rightarrow \eta'$$

Assim, para provar que η é um invariante, precisamos provar que:

1. $\vdash \langle \eta \wedge \neg B \rangle \rightarrow \psi$
2. $\vdash \langle \eta \wedge B \rangle \rightarrow \langle \eta' \rangle$

Descobrir o invariante η depende de uma percepção de asserções candidatas para que os itens da página 214 sejam satisfeitos. É importante salientar que o invariante não precisa ser satisfeito durante a execução de C, mas antes do comando `while`, antes e depois de cada iteração do corpo C e após todo o comando `while`. Em geral, um invariante útil expressa uma relação entre as variáveis manipuladas no corpo do comando (C). Quais variáveis devem ser, de fato, utilizadas para expressar o invariante e qual relação entre elas pode ser percebida pela sequência de valores produzidos por essas variáveis ao longo de uma computação do programa? Assim, a partir de uma computação exemplo, podemos notar a relação entre as variáveis antes da execução do comando e logo após a execução do corpo C, ou seja, após cada iteração do comando de repetição.

Exemplo 7.4.5 Consideremos novamente o programa para calcular o fatorial com a sua respectiva especificação (já apresentado no Exemplo 7.3.1).

ESPECIFICAÇÃO:
    Pre: $n \geq 0$
    Pos: $fat = n!$

PROGRAMA:

```
1 fat := 1;
2 i := 0;
3 while (i != n) }
4   i := i + 1 ;
5   fat = fat * i;
6 }
```

Para encontrar o invariante para o comando **while** acima devemos considerar um exemplo de computação do comando, para dados reais, e então comparar a relação entre as variáveis. Podemos ter, por exemplo, $n = 4$:

iteração	i	fat	$i \neq n$
0	1		true
1	1		true
2	2		true
3	6		true
4	24		false

A iteração 0 corresponde ao momento imediatamente anterior à execução do comando. A condição ($i \neq n$) é calculada com os valores das variáveis ao término da iteração (os que aparecem na tabela).

Note que a relação

$$fat = i!$$

é mantida tanto antes (iteração 0) quanto após cada iteração. Esta asserção é, portanto, uma candidata a invariante do comando. Resta-nos provar que é, de fato, um invariante:

1. $\vdash \langle \eta \wedge \neg B \rangle \to \psi$
2. $\vdash \langle \eta \wedge B \rangle \to \eta'$

$$\eta \equiv fat = i!$$
$$\neg B \equiv i = n$$
$$B \equiv i \neq n$$
$$\eta' \equiv fat * (i+1) = (i+1)!$$
$$\psi \equiv fat = n!$$

então,

1. $\vdash (fat = i! \wedge (i = n)) \to fat = n!$ √
2. $\vdash (fat = i! \wedge i \neq n)) \to \eta' \equiv fat * (i+1) = (i+1)!)$ √

Note que para o cálculo de η' usamos o invariante η ($fat = i!$) no final do bloco de comandos do `while` e levamos este para o topo deste bloco de comandos com a aplicação da regra `Atribuição` (substituímos, sucessivamente, *fat* por $fat * i$ e i por $i+1$ e obtivemos a nova asserção $fat * (i+1) = (i+1)!$).

Como as condições para que η seja, de fato, um invariante são satisfeitas, este passa a ser um invariante do comando. Com isso, η pode passar a ser uma precondição para o comando `while`.

Os passos de prova para o comando

$$\begin{array}{l}\langle\varphi\rangle\\ \texttt{while}(B)\\ \quad\{C\}\\ \langle\psi\rangle\end{array}$$

usando a regra `WhileParcial` são:

1. encontrar um candidato a invariante η observando a relação entre as variáveis do corpo do comando C, antes e após sua execução;
2. certificar η como possível invariante em relação à pós-condição ψ, provando:

$$\vdash \eta \wedge \neg B \to \psi$$

$$\begin{array}{l}\langle\varphi\rangle\\ \texttt{while}(B)\\ \quad\{C\}\\ \boxed{\eta \wedge \neg B \to \psi}\,\checkmark\\ \langle\psi\rangle\end{array}$$

3. introduzir η como pós-condição do corpo C do comando `while`:

$$\begin{array}{l}\langle\varphi\rangle\\ \texttt{while}(B)\\ \{C\\ \boxed{\langle\eta\rangle}\}\\ \eta \wedge \neg B \to \psi\,\checkmark\\ \langle\psi\rangle\end{array}$$

4. produzir η' a partir de η e o corpo C:

$\langle \varphi \rangle$
while(B)
{ $\boxed{\langle \eta' \rangle}$
C
$\langle \eta \rangle$ }
$\eta \land \neg B \to \psi$ √
$\langle \psi \rangle$

5. certificar η como invariante provando:

$$(\eta \land B) \to \eta'$$

$\langle \varphi \rangle$
while(B)
$\boxed{(\eta \land B) \to \eta'}$ √
{ $\langle \eta' \rangle$
C
$\langle \eta \rangle$ }
$\eta \land \neg B \to \psi$ √
$\langle \psi \rangle$

6. introduzir η como precondição do comando While:

$\langle \varphi \rangle$
$\boxed{\langle \eta \rangle}$
while(B)
$(\eta \land B) \to \eta'$ √
{ $\langle \eta' \rangle$
C
$\langle \eta \rangle$ }
$\eta \land \neg B \to \psi$ √
$\langle \psi \rangle$

Exemplo 7.4.6 Consideremos novamente o programa do Exemplo 7.4.5,

ESPECIFICAÇÃO:
  Pre: $n \geq 0$
  Pos: $fat = n!$

PROGRAMA:
```
1 fat := 1;
2 i := 0;
3 while (i != n){
4   i := i + 1 ;
5   fat = fat * i;
6 }
```

VERIFICAÇÃO:

$$\vdash_{par} \langle n \geq 0 \rangle \; Fat \; \langle fat = n! \rangle$$

Inicialmente precisamos encontrar um candidato e certificá-lo como invariante para o comando while, considerando a pós-condição ψ (passo a passo explicado no Exemplo 7.4.5). Na prova, incluímos como primeiro passo a certificação do invariante em relação à pós-condição. Assim, os elementos:

Invariante η :	$fat = i!$
$\vdash (\eta \wedge B) \rightarrow \psi$:	$(fat = i! \wedge \neg(i \neq n)) \rightarrow fat = n!$ √

foram incluídos na tabela, ao invés de mantê-los em separado.

Regra	Passo	Asserção	Programa
Implicação	9	$n \geq 0 (1 = 0!)$ √	
Atribuição	8	$1 = 0!$	fat := 1;
Atribuição	7	$fat = 0!$	i := 0;
WhileParcial	6	$fat = i!$	while (i != n) {
Implicação	5	$(fat = i! \wedge (i \neq n)) \rightarrow$ $fat * (i+1) = (i+1)!$ √	

continua

continuação

Regra	Passo	Asserção	Programa
Atribuição	4	$fat * (i+1) = (i+1)!$	i := i + 1 ;
Atribuição	3	$fat * i = i!$	fat = fat * i;
WhileParcial	2	$fat = i!$	}
WhileParcial	1	$(fat = i! \land \neg(i \neq n)) \to fat = n!\checkmark$	
Invariante	1	$fat = i!$	
	0	$fat = n!$	

A certificação do invariante em relação à precondição foi apenas realizada no topo do programa juntamente com a prova final. Novamente, todas as provas que recorrem a um provador externo para a lógica de predicados e números inteiros estão anotados com $\checkmark$.

Note que neste último exemplo, assim como em todos os outros anteriores, todas as provas relativas à lógica de predicados foram omitidas. A rigor, para que provemos os programas, precisamos de um sistema de provas para a lógica de predicados, assim como para os números inteiros, e tais provas deveriam ser mostradas aqui. Como queremos priorizar os passos de prova para os programas, já que as provas para a lógica de predicados foram vistas na Parte II, optamos por não introduzi-las aqui (o leitor pode recorrer aos sistemas de provas da Parte II do livro). Da mesma forma, *apelamos* para o conhecimento intuitivo do leitor em relação aos números inteiros para não introduzir mais a teoria e sistemas de provas para números inteiros. Isso sobrecarregaria a leitura do livro. Ademais, a teoria de números inteiros, ou quaisquer outros tipos aqui utilizados, o que está fora do escopo deste livro.

7.4.3 Correção e completude do sistema de provas

Quando apresentamos um sistema de provas, as primeira questões que surgem são:

1. O sistema de provas é correto? Quando o sistema produz uma prova de correção sobre o programa, é verdade que o programa está correto?

2. O sistema de provas é completo? Todo programa que está correto em relação à sua especificação pode ser provado pelo sistema?

Definição 7.4.1 Quando um programa satisfaz sua especificação sob a relação de correção parcial, dizemos que

$$\models_{par} \langle \varphi \rangle \, P \, \langle \psi \rangle$$

Então, o sistema de provas para a correção parcial de programas é **correto** quando

$$\vdash_{par} \langle \varphi \rangle \, P \, \langle \psi \rangle \to \models_{par} \langle \varphi \rangle \, P \, \langle \psi \rangle$$

Por outro lado, o sistema de provas para a correção parcial de programas é **completo** quando

$$\models_{par} \langle \varphi \rangle \, P \, \langle \psi \rangle \to \vdash_{par} \langle \varphi \rangle \, P \, \langle \psi \rangle$$

Para provar a correção do sistema de provas é necessária apenas a prova de correção para cada uma das regras (indução estrutural), já que o sistema é composicional. Esta é uma prova relativamente simples e pode ser encontrada em Winskel, 1993.

Para provar a completude do sistema de provas, contudo, devemos recorrer a provas para a lógica de predicados, já que utilizamos seus sistemas de provas como recurso externo às nossas provas. Pelo *Teorema de Incompletude de Gödel*, já enunciado na Parte II deste livro, não podemos provar a completude para a lógica de predicados e, portanto, não podemos provar para o novo sistema aqui introduzido. Um artifício usado para provar a completude do sistema de provas aqui apresentado é a introdução de asserções de programas como axiomas do sistema, a partir dos quais podemos fazer uma prova da completude relativa do sistema de provas. A prova da completude relativa do sistema pode ser encontrada em Apt e Olderog, 1997; Francez, 1992 e Winskel, 1993. Omitimos esta prova neste livro para não sairmos do foco: uso da lógica para especificação e provas de programas.

EXERCÍCIOS

7.1 Verifique a correção parcial para cada uma das triplas abaixo (pode ser verdadeira ou falsa) usando apenas a regra Atribuição:

a) $\langle\texttt{true}\rangle\ x := 5\ \langle\texttt{true}\rangle$
b) $\langle\texttt{true}\rangle\ x := 10\ \langle x = 10\rangle$
c) $\langle x = 20\rangle\ x := 5\ \langle x > 20\rangle$
d) $\langle x = 20\rangle\ x := 5\ \langle\texttt{false}\rangle$
e) $\langle\texttt{false}\rangle\ x := 5\ \langle x > 20\rangle$
f) $\langle\texttt{true}\rangle\ x := 5\ \langle\texttt{false}\rangle$

7.2 Verifique a correção parcial para cada uma das triplas abaixo usando as regras Atribuição e Composição:

a) $\langle x > 0\rangle\ y := x + 5\ \langle y \geq 5\rangle$
b) $\langle\texttt{true}\rangle\ y := x; y := 2*x + y\ \langle y = 3*x\rangle$
c) $\langle z \geq 1\rangle\ x := 1; y := z; y := y - x\ \langle z > y\rangle$
d) $\langle x = x_0 \wedge y = y_0\rangle\ z := x; x := y; y := z\ \langle x = y_0 \wedge y = x_0\rangle$

7.3 Dado o programa P abaixo

PROGRAMA:
```
1 if (x>y)
2   {z:= x;}
3 else
4   {z:= y;}
```

Verifique se

a) $\vdash_{par} \langle\texttt{true}\rangle\ P\ \langle z = \max(x, y)\rangle$
b) $\vdash_{par} \langle x > 0\rangle\ P\ \langle z > 0\rangle$
c) $\vdash_{par} \langle x > 0\rangle\ P\ \langle z > \min(x, y)\rangle$

7.4 Dado o programa P a seguir

PROGRAMA:
```
1 fat := 1;
2 while (n != 0)
3 {fat := fat * n ;
4   n := n - 1;
5 }
```

Verifique se

a) $\vdash_{par} \langle n \geq 0 \rangle\, P\, \langle fat = n! \rangle$

b) $\vdash_{par} \langle n = n_0 \wedge n \geq 0 \rangle\, P\, \langle fat = n_0! \rangle$

7.5 Dado o programa P abaixo

PROGRAMA:
```
1 y := 0;
2 while (y != x)
3 {y := y + 1;
4 }
```

Verifique se

a) $\vdash_{par} \langle \text{true} \rangle\, P\, \langle x = y \rangle$

b) $\vdash_{par} \langle x \geq 0 \rangle\, P\, \langle x = y \wedge y \geq 0 \rangle$

7.6 Dado o programa P abaixo

PROGRAMA:
```
1 q := 0;
2 r := x;
3 while (r >= y)
4 {r := r - y;
5  q := q + 1;
6 }
```

Verifique se

a) $\vdash_{par} \langle y \neq 0 \rangle\, P\, \langle (x = q*y + r) \wedge (r < y) \rangle$

b) $\vdash_{par} \langle \text{true} \rangle\, P\, \langle (x = q*y + r) \wedge (r < y) \rangle$

7.7 Faça um programa para cada um dos problemas propostos na Seção 6.4.1 e prove sua correção parcial em relação à especificação que você formulou naqueles exercícios.

7.5 Correção total de programas

No Exemplo 7.4.6 mostramos a prova de correção parcial para um programa que calcula o fatorial de um número inteiro. Para completar a prova, tivemos que provar:

$$n \geq 0 \to (1 = 0!) \checkmark$$

no topo do programa. Mas, para provar $1 = 0!$ não precisamos da premissa $n \geq 0$, já que, por definição, $1 = 0!$. Isto significa que, mesmo que tivéssemos a asserção true como precondição do programa, sua correção parcial poderia ser provada:

$$\vdash_{par} \langle \text{true} \rangle \; Fat \; \langle fat = n! \rangle$$

porque

$$\text{true} \to (1 = 0!) \checkmark$$

Se considerarmos true como precondição, podemos ter um número negativo como entrada, o que levará o programa a uma repetição infinita do comando while. Mesmo assim, a correção parcial do programa pode ser provada porque esta relação *assume* que cada comando termina.

Na correção total de programas, ao invés de considerarmos que cada comando termina, queremos provar que os comandos terminam de fato. Desta forma, precisamos redefinir a lógica para que as regras contemplem a terminação de programas. Dentro do repertório de comandos da linguagem de programação proposta, temos apenas um comando de repetição: while. Este é o único comando da linguagem que pode não terminar se sua condição nunca progredir para o valor false. Por isso, a lógica para a correção total de programas contém as mesmas regras encontradas na prova parcial de programas, exceto a regra sobre o comando `while`, que é refeita considerando que agora queremos provar o término do comando. A Tabela 7.2 contém a lógica de Hoare para a correção total de programas.

A única nova regra de prova introduzida é a `WhileTotal`, que substituiu a `WhileParcial` da lógica anterior. As outras regras têm o mesmo significado da Tabela 7.1. Nesta nova regra,

$$\text{WhileTotal} \frac{\langle \eta \wedge B \wedge 0 \leq E = E_0 \rangle \ C \ \langle \eta \wedge 0 \leq E \leq E_0 \rangle}{\langle \eta \wedge 0 \leq E \rangle \ \text{while} \ B \ \{C\} \ \langle \eta \wedge \neg B \rangle}$$

introduzimos os elementos E e E_0. Como desejamos provar terminação, precisamos de uma expressão que decresça a cada iteração até chegar a um valor que torne a condição do `while` falsa após um número finito de iterações (isso garante que o comando termina). Estes novos elementos são, então:

- A expressão **Variante** E – uma expressão sobre variáveis do programa cujo valor decresce a cada iteração do `while`. Ou seja, o valor de E após a execução de C é menor que o valor de E_0 antes da execução de C.

$$\text{Composição} \frac{\langle \varphi \rangle \ C1 \ \langle \eta \rangle \quad \langle \eta \rangle \ C2 \ \langle \psi \rangle}{\langle \varphi \rangle \ C1; C2 \ \langle \psi \rangle}$$

$$\text{Atribuição} \frac{}{\langle \psi[E/x] \rangle \ x := E \ \langle \psi \rangle}$$

$$\text{IfElse} \frac{\langle \varphi \wedge B \rangle \ C1 \ \langle \psi \rangle \quad \langle \varphi \wedge \neg B \rangle \ C2 \ \langle \psi \rangle}{\langle \varphi \rangle \ \text{if} \ B \ \{C1\} \ \text{else} \ \{C2\} \ \langle \psi \rangle}$$

$$\text{WhileTotal} \frac{\langle \eta \wedge B \wedge 0 \leq E = E_0 \rangle \ C \ \langle \eta \wedge 0 \leq E \leq E_0 \rangle}{\langle \eta \wedge 0 \leq E \rangle \ \text{while} \ B \ \{C\} \ \langle \eta \wedge \neg B \rangle}$$

$$\text{Implicação} \frac{\vdash \varphi' \to \varphi \quad \langle \varphi \rangle \ C \ \langle \psi \rangle \quad \vdash \psi \to \psi'}{\langle \varphi' \rangle \ \{C\} \ \langle \psi' \rangle}$$

TABELA 7.2 Regras de prova (total)

- E_0 – a expressão E antes da execução do comando C, usada para evidenciar a variação do valor de E a cada iteração.

A prova do comando `while` é realizada de forma semelhante à que fizemos com a prova de correção parcial do mesmo comando, exceto que a convergência (para zero) da expressão variante deve também ser provada. Para isso, os passos de prova usando a regra `While` são:

1. encontrar um candidato a **invariante** η e uma expressão **variante** E observando a relação entre as variáveis do corpo do comando C, antes e após sua execução;
2. certificar η como invariante em relação à pós-condição ψ:

$$\vdash \eta \wedge \neg B \rightarrow \psi$$

$$\langle \varphi \rangle$$
`while`(B)
$\quad \{C\}$
$\quad \boxed{\eta \wedge \neg B \rightarrow \psi \ \surd}$
$\langle \psi \rangle$

3. introduzir $\eta \wedge 0 \leq E \leq E_0$ como pós-condição do corpo C:

$$\langle \varphi \rangle$$
`while`(B)
$\quad \{C$
$\quad \boxed{\langle \eta \wedge 0 \leq E \leq E_0 \rangle \}}$
$\quad \eta \wedge \neg B \rightarrow \psi \ \surd$
$\langle \psi \rangle$

4. produzir $\eta' \wedge 0 \leq E' \leq E_0$ a partir de $\eta \wedge 0 \leq E \leq E_0$ e o corpo C:

$\langle \varphi \rangle$
while(B)
$\{ \boxed{\langle \eta' \wedge 0 \leq E' \leq E_0 \rangle}$
$\quad C$
$\quad \langle \eta \wedge 0 \leq E \leq E_0 \rangle \}$
$\eta \wedge \neg B \to \psi \ \surd$
$\langle \psi \rangle$

5. certificar η e E como invariante e variante respectivamente:

$$(\eta \wedge B \vee 0 \leq E = E_0) \to (\eta' \wedge 0 \leq E' \leq E_0)$$

$\langle \varphi \rangle$
while(B)
$\boxed{(\eta \wedge B \wedge 0 \leq E = E_0) \to (\eta' \wedge 0 \leq E' \leq E_0)} \surd$
$\{ \langle \eta' \wedge 0 \leq E' \leq E_0 \rangle$
$\quad C$
$\quad \langle \eta \wedge 0 \leq E \leq E_0 \rangle \}$
$\eta \wedge \neg B \to \psi \ \surd$
$\langle \psi \rangle$

6. introduzir $\eta \wedge 0 \leq E$ como precondição do comando while:

$\langle \varphi \rangle$
$\boxed{\langle \eta \wedge 0 \leq E \rangle}$
while(B)
$(\eta \wedge B \wedge 0 \leq E = E_0) \to (\eta' \wedge 0 \leq E' \leq E_0) \surd$
$\{ \ \langle \eta' \wedge 0 \leq E' \leq E_0 \rangle$
$\quad C$
$\quad \langle \eta \wedge 0 \leq E \leq E_0 \rangle \}$
$\eta \wedge \neg B \to \psi \ \surd$
$\langle \psi \rangle$

Exemplo 7.5.1 Consideremos novamente o programa do Exemplo 7.4.5.

ESPECIFICAÇÃO:
   Pre: $n \geq 0$
   Pos: $fat = n!$

PROGRAMA:
```
1 fat := 1;
2 i := 0;
3 while (i != n){
4   i := i + 1 ;
5   fat = fat * i;
6 }
```

VERIFICAÇÃO:

$$\vdash_{tot} \langle n \geq 0 \rangle \, Fat \, \langle fat = n! \rangle$$

Inicialmente precisamos encontrar um candidato e certificá-lo como invariante para o comando while considerando a pós-condição ψ, assim como a expressão variante E.

Invariante η:	$fat = i!$
Variante E:	$n - i$

A partir desses dois elementos, prosseguimos com os passos de prova:

Regra	Passo	Asserção	Programa
Implicação	10	$n \geq 0 \to (1 = 0! \land 0 \leq n) \checkmark$	
Atribuição	9	$1 = 0! \land 0 \leq n$	fat := 1;
Atribuição	8	$fat = 0! \land 0 \leq n - 0$	i := 0;
WhileTotal	7	$fat = i! \land 0 \leq n - i$	while (i != n)
Implicação	6	$(fat = i! \land (i \neq n) \land 0 \leq n - i = E_0) \to$ $fat * (i+1) = (i+1)! \land 0 \leq n - (i+1) \leq E_0 \checkmark$	
Atribuição	5	$fat * (i+1) = (i+1)! \land 0 \leq n - (i+1) \leq E_0$	{ i := i + 1 ;

Verificação de programas | 229

Regra	Passo	Asserção	Programa
Atribuição	4	$fat * i = i! \wedge 0 \leq n - i \leq E_0$	fat = fat * i;
WhileTotal	2	$fat = i! \wedge 0 \leq n - i \leq E_0$	}
WhileTotal	1	$(fat = i! \wedge (i \neq n)) \rightarrow fat = n!$ √	
Invariante	1	$fat = i!$	
Variante	1	$n - i$	
	0	$fat = n!$	

Note que desta vez precisamos da precondição $n \geq 0$ para provar a asserção do topo do programa:

$$n \geq 0 \rightarrow (1 = 0! \wedge 0 \leq n) \checkmark$$

Se não tivéssemos a premissa $n \geq 0$, não poderíamos provar a asserção $0 \leq n$. Diferente da correção parcial de programas, **não** podemos, por exemplo, provar

$$\vdash_{tot} \langle \texttt{true} \rangle \; Fat \; \langle fat = n! \rangle$$

Regra	Passo	Asserção	Programa
Implicação	10	$\texttt{true} \rightarrow (1 = 0! \wedge 0 \leq n)$ ×	
Atribuição	9	$1 = 0! \wedge 0 \leq n$	fat := 1;
Atribuição	8	$fat = 0! \wedge 0 \leq n - 0$	i := 0;
WhileTotal	7	$fat = i! \wedge 0 \leq n - i$	while (i != n) {
Implicação	6	$(fat = i!(i \neq n) \wedge 0 \leq n - i = E_0) \rightarrow$ $fat * (i+1) = (i+1)! \wedge 0 \leq n - (i+1) \leq E_0$ √	
Atribuição	5	$fat * (i+1) = (i+1)! \wedge 0 \leq n - (i+1) \leq E_0$	i := i + 1;

Regra	Passo	Asserção	Programa
Atribuição	4	$fat * i = i! \wedge 0 \leq n - i \leq E_0$	fat = fat * i;
WhileTotal	2	$fat = i! \wedge 0 \leq n - i \leq E_0$	}
WhileTotal	1	$(fat = i! \wedge \neg(i \neq n)) \rightarrow fat = n!$ √	
Invariante	1	$fat = i!$	
Variante	1	$n - i$	
	0	$fat = n!$	

Mais uma vez recorremos a provas da lógica de predicados e teoria dos inteiros, que não foram demonstradas aqui, para mostrar que o programa não satisfaz à especificação (denotado por × no passo 10 da prova).

Definição 7.5.1 Quando um programa satisfaz sua especificação sob a relação de correção total dizemos que

$$\models_{tot} \langle \varphi \rangle P \langle \psi \rangle$$

O sistema de provas para a correção total de programas é **correto** quando

$$\vdash_{tot} \langle \varphi \rangle P \langle \psi \rangle \rightarrow \models_{tot} \langle \varphi \rangle P \langle \psi \rangle$$

O sistema de provas para a correção total de programas é **completo** quando

$$\models_{tot} \langle \varphi \rangle P \langle \psi \rangle \rightarrow \vdash_{tot} \langle \varphi \rangle P \langle \psi \rangle$$

Essas asserções restritas à completude relativa considerando um conjunto de asserções sobre programas e assumindo a expressividade dos inteiros também podem ser encontradas em Apt e Olderog, 1997 e Francez, 1992.

EXERCÍCIOS

7.8 Dado o programa P abaixo

PROGRAMA:

```
1 fat := 1;
2 while (n != 0)
3  {fat := fat * n ;
4   n := n - 1;
5  }
```

Verifique se

a) $\vdash_{tot} \langle n \geq 0 \rangle P \langle fat = n! \rangle$

b) $\vdash_{tot} \langle n = n_0 \wedge n \geq 0 \rangle P \langle fat = n_0! \rangle$

7.9 Dado o programa P abaixo

PROGRAMA:

```
1 y := 0;
2 while (y != x)
3  {y := y + 1;
4  }
```

Verifique se

a) $\vdash_{tot} \langle \text{true} \rangle P \langle x = y \rangle$
b) $\vdash_{tot} \langle x \geq 0 \rangle P \langle x = y \wedge y \geq 0 \rangle$

7.10 Dado o programa P abaixo

PROGRAMA:

```
1 q := 0;
2 r := x;
3 while (r >= y)
4  {r := r - y;
5   q := q + 1;
6  }
```

Verifique se

a) $\vdash_{tot} \langle y \neq 0 \rangle\ P\ \langle (x = q * y + r) \wedge (r < y) \rangle$
b) $\vdash_{tot} \langle \texttt{true} \rangle\ P\ \langle (x = q * y + r) \wedge (r < y) \rangle$

7.11 O número de Fibonacci é definido indutivamente por:

$fib_0 = 0,$
$fib_1 = 1,$
$fib_n = 0, fib_{n-1} + fib_{n-2}, n \geq 2$

Dado o programa P abaixo

PROGRAMA:
```
1 x := 0;
2 y := 1;
3 count := n;
4 while (count > 0)
5 { h := y;
6   y := x + y;
7   x := h;
8   count := count - 1;
9 }
```

Verifique se

$\vdash_{tot} \langle n \geq 0 \rangle P \langle x = fib(n) \rangle$

7.12 Dado o programa P abaixo

PROGRAMA:
```
1 a := 0;
2 z := 0;
3 while (a != y)
4 {z := z + x;
5  a := a + 1;
6 }
```

Verifique se

$\vdash_{tot} \langle \texttt{true} \rangle\ P \langle z = x * y \rangle$

■ 7.6 Notas bibliográficas

Como já exposto neste capítulo, a verificação de programas (ou sistemas de software) depende de fundamentos matemáticos tanto para a linguagem de especificação, como já discutido no Capítulo 6, quanto para a linguagem de programação. Aqui, a linguagem de programação usada teve sua semântica axiomática definida para posteriormente usarmos a Lógica de Hoare para verificar os programas. Existem outras formas de definirmos as semânticas das linguagens de programação, tais como a *Semântica operacional* (Plotkin, 1981) e *Semântica denotacional* (Schmidt, 1986). Os leitores interessados em consultar outras formas de se definir semântica de linguagens de programação podem consultar Winskel, 1993, o qual dá uma visão geral sobre as várias formas de definir semântica de linguagens, mas sem muita profundidade.

Neste livro, introduzimos a verificação de programas sob uma abordagem prática para exemplificar o uso da lógica, e seus sistemas de prova, na correção de programas. Vários outros livros tratam do tema de verificação de programas de forma mais aprofundada, inclusive para programas concorrentes. Aqui, utilizamos principalmente os livros de Francez, 1992, e Opt e Olderog, 1997 como referência, nos quais são demonstradas a completude relativa e a correção do sistema de provas aqui utilizado. Existem novos estudos que estendem a lógica de Hoare para sistemas concorrentes (Jones; Hayes; Calvin, 2015).

Para cada um dos métodos ou linguagens formais, tais com o Z, VDM e B (já mencionados no Capítulo 6 – Seção 6.5), existe um sistema de provas relacionado. Para esses métodos, existem cálculos de refinamentos com os quais as especificações podem ser sucessivamente detalhadas para que se aproximem do código. Vários trabalhos têm sido desenvolvidos na área de refinamentos e síntese de programas, tanto como corpo teórico quanto desenvolvimento de técnicas e ferramentas de apoio. Algumas dessas técnicas de síntese de programas utilizam exemplos de comportamentos de programas como especificação para gerar o código do programa, enquanto outras utilizam "esqueletos de programas" para produzir os novos programas, junto com técnicas de aprendizado de máquinas e *SAT solvers* (Back e Wright, 2012; Sekerinski e Sere, 2012; Alur et al., 2015; Gulwani, 2012; Bodek e Jobstmamm, 2013; Gulwani, 2010; Solar-Lezama, 2008). Outros estudos sobre o uso prático de verificação formal de programas se concentram no resgate de uma especificação a partir dos programas para que sejam comparados com a especificação desejada, ou, ainda, para gerar casos de teste dos programas (Ammons; Bodík; Larus, 2002; Shoham et al., 2008; Lo e Maoz, 2012). Ainda com o objetivo do uso prático de verificação de programas, os verificadores de modelos (Baier; Kabon; Larson, 2008) têm tido vários progressos, inclusive para linguagens vastamente utilizadas, como Java (Păsăreanu et al., 2013 e Hanazumi; Melo; Păsăreanu, 2015).

Conclusão

Apresentamos nesta obra uma compilação da lógica clássica de uma forma que consideramos particularmente útil para cientistas da computação.

Nosso objetivo foi apresentar os diversos temas tratados de forma acessível e simples, para que este livro pudesse ser usado como base em disciplinas de graduação. Por este motivo, como o leitor deve ter notado, apresentamos relativamente poucas demonstrações de teoremas ao longo de todo o texto se comparado com livros de outros autores sobre lógica clássica.

Nosso maior cuidado e esforço, entretanto, foi em não sacrificar a *precisão* dos temas tratados em nome da simplicidade. Consideramos paradoxal apresentar um livro de lógica matemática de maneira imprecisa.

Esperamos ter atingido nosso objetivo, que era a produção de um livro-texto de alta qualidade voltado primordialmente aos estudantes de informática interessados em lógica matemática.

> 7 *Wovon man nicht sprechen kann, darüber muss man schweigen.*[1]
> Ludwig Wittgenstein – Tractatus Logico-Philosophicus

---

[1] "Sobre aquilo de que não se pode falar, deve-se calar."

Referências bibliográficas

ALUR, Rajeev et al. Syntax-guided synthesis. *Dependable software systems engineering*, 40, p. 1-25, 2015.

AMMANN, Paul; OFFUTT, Jeff. *Introduction to software testing*. Cambridge: Cambridge University Press, 2008.

AMMONS, Glenn; BOD´IK, Rastislav; LARUS, James R. Mining specifications. *ACM Sigplan Notices*, 37(1), p. 4-16, 2002.

APT, K. R.; OLDEROG, E-R. *Verification of sequential and concurrent programs*. Berlin: Springer, 1997.

BACK, Ralph-Johan; WRIGHT, Joakim. *Refinement calculus: a systematic introduction*. Berlim: Springer, 2012.

BAIER, Christel; KATOEN, Joost-Pieter; LARSEN, Kim Guldstrand. *Principles of model checking*. Cambridge: MIT Press, 2008.

BECKERT, B.; POSEGGA, J. leanTAP: lean, tableau-based deduction. *Journal of Automated Reasoning*, 15(3), p. 339-58, 1995.

BETH, Evert Willem. *Formal methods*: an introduction to symbolic logic and to the study of effective operations in arithmetic and logic. Dordrecht: D. Reidel Publishing Co., 1962.

BODIK, Rastislav; JOBSTMANN. Barbara. Algorithmic program synthesis: Introduction. *International Journal on Software Tools for Technology Transfer*, 15(5-6), p. 397-411, 2013.

BOOCH, G; RUMBAUGH, J.; JACOBSON, I. *The unified modeling language user guide*. Boston: Addison-Wesley, 1999.

BOOLOS, G. S.; JEFFREY, R. C. *Computability and logic*. 3. ed. Cambridge: Cambridge University Press, 1989.

BUSS, Samuel. Polynomial size proofs of the propositional pigeonhole principle. *Journal of Symbolic Logic*, 52, p. 916-27, 1987.

CABRAL, Gustavo; SAMPAIO, Augusto. Formal specification generation from requirement documents. *Electronic Notes in Theoretical Computer Science*, 195, p. 171-88, 2008.

CARBONE, Alessandra; SEMMES, Stephen. *A graphic apology for symmetry and implicitness*. Oxford Mathematical Monographs. Nova York: Oxford University Press, 2000.

CARDELLI, L.; GORDON, A. D. Mobile ambients. In: NIVAT, Maurice (ed.), *Foundations of Software Science and Computational Structures*. Berlim: Springer, 1998.

COOK, Stephen A. The complexity of theorem proving procedures. In: *Third Annual ACM Symposium on the Theory of Computing*. Nova York: ACM, 1971. p. 151-58.

_____; RECKHOW, Robert A. The relative efficiency of propositional proof systems. *Journal of Symbolic Logic*, 44(1), p. 36-50, 1979.

D'AGOSTINO, Marcello. Are tableaux an improvement on truth-tables? — Cut-free proofs and bivalence. *Journal of Logic, Language and Information*, 1, p. 235-52, 1992.

_____ et al. (eds.). *Handbook of tableau methods*. Dordrecht: Kluwer Academic Publishers, 1999.

DAVIS, Martin. *Computability and unsolvability*. Nova York: McGraw-Hill, 1958.

_____; PUTNAM, H. A computing procedure for quantification theory. *Journal of the ACM*, 7(3) p. 201-15, 1960.

_____; LOGEMANN, George; LOVELAND, Donald. A machine program for theorem-proving. *Communications of the ACM*, 5(7), p. 394-97, jul. 1962.

DOYLE, Jon. *A truth maintenance system*. In: GINSBERG, Matthew L. (ed.) Readings in Nonmonotonic Reasoning. Burlington: Morgan Kaufmann, 1987. p. 259-279.

DOWLING, W. F.; GALLIER, J. H. Linear time algorithms for testing satisfiability of propositional horn formulae. *Journal of Logic Programming*, 3, p. 267-84, 1984.

EPSTEIN, R. L.; CARNIELLI, W. A. *Computability* – Computable Functions, Logic, and the Foundations of Mathematics. 2. ed. **Belmont**: Wadsworth & Brooks Cole, 2000.

ERSHOV, Yu; PALIUTIN, E. *Lógica matemática*. Moscou: Mir, 1990.

EVEN, S.; ITAI, A.; SHAMIR, A. On the complexity of timetable and multicommodity flow problems. *SIAM Journal of Computing*, 5(4), p. 691-703, 1976.

FITTING, Melvin. *First-order logic and automated theorem proving*. 2. ed. Berlim: Springer, 1996.

FLOYD, R. Assigning meaning to programs. In: SCHWARTZ, J. T. (ed.) *Proceedings of Symposium on Applied Mathematics 19 – Mathematical Aspects of Computer Science*. American Mathematical Society. *Nova York*, p. 19-32, 1967.

FRANCEZ, N. *Program verification*. Boston: Addison-Wesley, 1992.

GAREY, M. R.; JOHNSON, D. S. *Computers and intractability: A guide to the Theory of NP-Completeness*. Nova York: W. H. Freeman, 1979.

GENT, Ian; WALSH, Toby. The SAT phase transition. In: COHN, A. G. (ed.). *Proceedings of ECAI-94*. Hoboken: John Wiley & Sons, 1994. p. 105-09.

GINSBERG, Matthew L. (ed.) *Readings in nonmonotonic reasoning*. Burlington: Morgan Kaufmann, 1987.

GÖDEL, Kurt. Über formal unentscheidbare Sätze der Principia Mathematica und verwandter systeme, I. In: *Monatshefte für Mathematik und Physik*, 38, 1931. Disponível em: <http://www.w-k-essler.de/pdfs/goedel.pdf> Acesso em: 24 maio 2017.

GRAY, Jeremy. *The Hilbert challenge*: A perspective on twentieth century mathematics. Nova York: Oxford University Press, 2000.

GULWANI, Sumit. Dimensions in program synthesis. In: *Proceedings of the 12th international ACM SIGPLAN symposium on Principles and practice of declarative programming*. 2010, Hagenberg. Conference PPDP '10 Principles and Practice of Declarative Programming. Hagenberg, Austria: 2010. p. 13-24.

_____. Synthesis from examples: Interaction models and algorithms. In: *Symbolic and Numeric Algorithms for Scientific Computing (SYNASC), 2012 14th International Symposium*. Piscataway: Institute of Electrical and Electronics Engineers, 2012. p. 8-14.
HANAZUMI, Simone; MELO, Ana CV de; PăSăREANU, Corina S. From test purposes to formal jpf properties. *ACM SIGSOFT Software Engineering Notes*, 40(1), p. 1-5, 2015.
HEIJENOORT, J. van. (ed.) *From Frege to Gödel:* A source book in mathematical logic, 1879–1931. Cambridge: Harvard University Press, 1982.
HILBERT, David. *Foundations of Geometry*. Tradução do alemão por L. Unger. Chicago: Open Court Publisher, 1899.
_____. The foundations of the mathematics. In: HEIJENOORT, J. van. (ed.) From Frege to Gödel: a source book in mathematical logic, 1879–1931. Cambridge: Harvard University Press,1982. p. 464-79.
HINTIKKA, J. *Knowledge and belief*. Ithaca: Cornell University Press, 1962.
HOARE, C. A. R. An axiomatic basis for computer programming. *Communications of the ACM*, 10(12), p. 576-80, 1969.
_____. *Communicating sequential processes*. Saddle River: Prentice Hall, 1985. Prentice Hall International Series in Computer Science.
JACKY, J. *A way of Z:* Practical programming with formal methods. Cambridge: Cambridge University Press, 1997.
JONES, C. B. *Systematic software development using VDM*. Saddle River: Prentice Hall, 1990.
_____; HAYES, Ian J.; COLVIN, Robert J. Balancing expressiveness in formal approaches to concurrency. *Formal Aspects of Computing*, 27(3), p. 475-97, 2015.
jTAP — *A tableau prover in Java*, 1999. Disponível em: <http://i12www.ira.uka.de/ ~aroth/jTAP/>. Acesso em: 15 nov. 2006.
KOTONYA, G.; SOMMERVILLE, I. *Requirements engineering:* processes and techniques. Hoboken: John Wiley and Sons, 1998.
LLOYD, J. W. *Foundations of logic programming*. 2. ed. Berlim: Springer, 1987.
LO, David; MAOZ, Shahar Scenario-based and value-based specification mining: better together. *Automated software engineering*, 19(4), p. 423-58, 2012.
McALLESTER, D. Truth maintenance. In: *Proceedings of the Eighth National Conference on Artificial Intelligence (AAAI-90)*, p. 1.109-116, 1990.
MacHALE, Desmond. *George Boole*: his life and work. Dublin: Boole Press, 1985.
MELO, A. C. Vieira de; SILVA, F. S. Corrêa da. *Princípios de linguagens de programação*. Nova York: Edgard Blucher, 2003.
MENDELSON, E. *Introduction to mathematical logic*. 3. ed. Belmont: Wadsworth & Brooks/Cole, 1987.
MILNER, R. *Communication and concurrency*. Englewood Cliffs: Prentice-Hall, 1989.
_____. *Communicating and mobile systems:* the π-calculus. Cambridge: University Press, maio 1999.
MONK, J. D. (ed.). *Handbook of boolean algebra*. Amsterdam: Elsevier Science Publishers, 1989.
MOSKEWICZ. Matthew W. et al. *Chaff:* Engineering an efficient SAT solver. In: *Proceedings of the 38th Design Automation Conference (DAC'01)*. p. 530-35, 2001.
NISSANKE, N. *Formal specification* – Techniques and applications. Berlim: Springer, 1999.
PăSăREANU, Corina S. et. al. Symbolic pathfinder: integrating symbolic execution with model checking for java bytecode analysis. *Automated Software Engineering*, 20(3), p. 391-425, 2013.
PARTSCH, H. A. *Specification and transformation of programs: a* formal approach to software development. Berlim: Springer, 1990.

PLOTKIN, G. D. Structural operational semantics. Lecture Notes DAIMI FN-19. Dinamarca, Aarhus University, 1981.
POSEGGA, Joachim e SCHMITT, Peter. Implementing semantic tableaux. In: D'AGOSTINO, Marcello et al. (eds.), 1999.
PRAMITZ, Dagz. *Natural deduction.* A proof-theoretical study. Estocolmo: Almqvist and Wiksell, 1965.
RICE, A. Augustus de morgan: historian of science. *History of Science*, 34, p. 201-40, 1996.
ROBINSON, J. A. A machine-oriented logic based on the resolution principle. *Journal of the ACM (JACM)*, 12(1), p. 23–41, jan. 1965.
SCHMIDT, D. *Denotational semantics:* A methodology for language development. Boston: Allyn & Bacon, 1986.
SCHWITTER, Rolf. English as a formal specification language. In: Database and expert systems applications, 2002: proceedings. *13th International Workshop on.* Piscataway: Institute of Electrical and Electronics Engineers, 2002. p. 228-32.
SEKERINSKI, Emil; SERE, Kaisa. *Program development by refinement:* case studies using the B method. Springer Science & Business Media, 2012.
SHOENFIELD, J. R. *Mathematical Logic.* AK Peters, 2001.
SHOHAM, Sharon et al. Static specification mining using automata-based abstractions. *IEEE transactions on software engineering*, 34(5), p. 651-66, 2008.
SILVA, F. S. Corrêa da; AGUSTÍ-CULLELL, J. *Knowledge coordination.* Somerset: John Wiley, 2003.
SMULLYAN, Raymond M. *First-order logic.* Berlim: Springer, 1968.
SOLAR-LEZAMA, Armando. *Program synthesis by sketching.* Ann Arbor: ProQuest, 2008.
SOMMERVILLE, I.; SAWYER, P. *Requirements engineering:* A goog practice guide. Hoboken: John Wiley and Sons, 1997.
SOMMERVILLE, I. *Software engineering.* Boston: Addison-Wesley, 6. ed., 2001.
STATMAN, R. Bounds for proof-search and speed-up in predicate calculus. *Annals of mathematical logic*, 15, p. 225-87, 1978.
STERLING, Leon; SHAPIRO, Ehud. *The art of prolog.* 2. ed. Cambridge: MIT Press, 1994.
STILLWELL, John. Emil Post and his anticipation of Goedel and Turing. *Mathematics Magazine*, 77(1), p. 3-14, 2004.
SZABO, M. E. (ed.). *Collected papers of Gerhard Gentzen.* Amsterdam: Studies in Logic, 1969.
VIHAN, P. The last months of Gerhard Gentzen in Prague. In: *Collegium logicum,* Viena, v. 1, p. 1-7, 1995.
WHITEHEAD, A. N.; RUSSEL, B. A. W. *Principia mathematica.* Cambridge: Cambridge University Press, 1910.
WIKIPEDIA FOUNDATION. Wikipedia, the free enciclopedia. Disponível em: <http://en.wikipedia.org/>. Acesso em: 7 jul. 2004.
WINSKEL, G. *The formal semantics of programming languages: a*n introduction. Cambridge: MIT Press, 1993.
WITTGENSTEIN, Ludwig. *Tractatus logico-philosophicus,* 1922. Disponível em: <https://marcosfabionuva.files.wordpress.com/2011/08/tractatus-logico-philosophicus.pdf >. Acesso em: 24 maio 2017.
WOODCOCK, J. C. P.; DAVIES, J. *Using Z:* Specification, refinement and proof. Saddle River: Prentice Hall, 1996.
WORDSWORTH, J. B. *Software engineering with B.* Boston: Addison-Wesley, 1996.